高等学校"十四五"规划教材

电工及工业电子学实验

主　编　王瑞芳

副主编　庞　涛　黎红梅　曲萍萍

西北工业大学出版社

西安

【内容简介】 本书是针对高等院校开设的电工及工业电子学实验课程编写而成的,从实验目的、实验原理、实验内容和实验中的注意事项等方面进行了详尽的阐述。本书包括 5 章。第 1 章是实验基础知识;第 2 章是常用实验仪器与实验装置,主要介绍电工电子综合实验台的主要功能和常用的实验仪器仪表的使用方法;第 3 章是电工技术实验,包括电路实验和三相异步交流电动机的相关实验;第 4 章是电子技术实验,包括模拟电子技术实验和数字电子技术实验;第 5 章借助 Multisim 仿真软件实现仿真实验。

本书可作为高等院校工科非电类专业学生电工技术和电子技术实验课程的选用教材,也可作为相关专业的学生和技术人员的参考书。

图书在版编目(CIP)数据

电工及工业电子学实验/王瑞芳主编 . —西安:
西北工业大学出版社,2020.12
ISBN 978 - 7 - 5612 - 7368 - 5

Ⅰ.①电…　Ⅱ.①王…　Ⅲ.①电工技术-实验-高等学校-教材　②电子技术-实验-高等学校-教材　Ⅳ.
①TM - 33　②TN - 33

中国版本图书馆 CIP 数据核字(2020)第 211692 号

DIANGONG JI GONGYE DIANZIXUE SHIYAN

电 工 及 工 业 电 子 学 实 验

责任编辑:李阿盟　王 尧		策划编辑:杨 军	
责任校对:孙 倩		装帧设计:李 飞	
出版发行:西北工业大学出版社			
通信地址:西安市友谊西路 127 号		邮编:710072	
电　　话:(029)88491757,88493844			
网　　址:www.nwpup.com			
印 刷 者:陕西向阳印务有限公司			
开　　本:787 mm×1 092 mm		1/16	
印　　张:11.375			
字　　数:298 千字			
版　　次:2020 年 12 月第 1 版		2020 年 12 月第 1 次印刷	
定　　价:39.00 元			

前　言

　　本书密切结合本科教学评估和工程认证的要求,重视学生基本实验技能和工程能力的培养,通过合理设置电工及工业电子学实验任务,培养学生能够正确使用常用实验仪器仪表和电工设备,具备分析和设计电路的能力、调试电路和排除电路故障的能力、整理和分析实验数据的能力,并具备工程实践理念和创新思维,掌握安全用电常识。

　　本书内容包括两大部分:第一部分介绍实验的相关基础知识和常用实验仪器仪表和电工电子综合实验台的使用方法;第二部分为电工和电子技术实验,内容包括电路实验、三相异步交流电动机控制实验、模拟电子技术实验、数字电子技术实验和仿真实验。实验题目的设置分为验证性实验和设计性实验。验证性实验注重帮助学生更好理解学习的电工技术和电子技术的理论知识,使学生能够熟练掌握常用实验仪器仪表与电工设备的使用方法;设计性实验注重培养学生分析和设计电路的能力,使学生具备解决实际工程问题的能力。每个实验包括实验目的、实验仪器与设备、实验原理、实验内容、实验中的注意事项及实验报告要求等内容,对实验的任务和要求进行了详细的阐述。本书可以为学生在实验预习、实验操作和实验数据处理阶段提供必要的学习资料,辅助学生完成实验任务,力争达到电工及工业电子学实验课程的总体目标。

　　本书由沈阳航空航天大学电工教研室组织编写,全书由王瑞芳担任主编,完成统稿和定稿工作。其中第1、2章由王瑞芳编写、第3章由王瑞芳(3.1节、3.15节)、李智慧(3.2节~3.3节、3.6节)、黄煜峰(3.4节~3.5节)、黎红梅(3.7节~3.9节)、丁俊军(3.10节~3.14节)共同编写,第4章由庞涛(4.1节~4.8节)、王瑞芳(4.9节、4.25节~4.27节)、曲萍萍(4.11节~4.18节)、黎红梅(4.21节~4.24节)、黄煜峰(4.10节、4.20节)、王博(4.19节)共同编写,第5章由邢岩编写,附录由孙文秀、王瑞芳编写。

　　在本书编写过程中,得到了王相海副教授和曾雪梅副教授的关心和支持,他们分别对全书的体系和各章节内容进行了悉心指导和校对,提出了许多宝贵意见和建议,同时也参阅了相关资料文献,在此一并表示衷心的感谢!

　　由于水平有限,不妥之处在所难免,恳切希望广大读者给予批评指正。

编　者

2020 年 8 月于沈阳

目　　录

第1章 实验基础知识

1.1 电工及工业电子学实验的目标

"电工及工业电子学实验"课程是与"电工及工业电子学"理论课程紧密配合的必修课,是"电工及工业电子学"课程教学中不可缺少的实践环节。通过电工技术和电子技术实验使学生更好理解电工技术和电子技术的理论知识,熟练掌握实验仪器与设备的使用方法,培养学生分析和设计电路的能力,培养学生运用计算机辅助工具进行电路设计和分析的能力,使学生具有一定工程知识及工程实践能力。

1.1.1 技能培养

通过电工及工业电子学相关实验,学生能够认识并正确使用常用的电工实验仪表,如数字万用表、直流电流表、直流电压表、交流电流表、交流电压表和功率表等。了解其工作原理、使用场合和准确度等级;能够选择合适量程;掌握实验仪表正确的接线和读数方法。

通过电工及工业电子学相关实验,学生能够认识并正确使用常用的实验仪器,如数字示波器、信号发生器和数字交流毫伏级电压表等。了解实验仪器的组成、功能、操作面板上各按钮和开关的功能;掌握实验仪器正确的接线和读数方法;了解实验仪器的正确调节方法。

通过电工及工业电子学相关实验,学生能够认识并正确使用常用的电工设备,如单相变压器、调压器、三相异步交流电动机、荧光灯和常用的控制电器等。了解电工设备的工作原理和使用场合;掌握电工设备的正确接线方法和操作方法。

通过电工及工业电子学相关实验,学生能够具备根据电路图接线、查线和排除简单电路故障的能力;能够进行实验操作、读取实验数据、观察和记录实验结果;能够整理和分析实验数据、绘制实验曲线,并写出逻辑清晰、条理清楚、内容完整的实验报告。同时,学生能够独立完成设计性实验,能够通过仿真软件进行仿真实验的验证,经仿真验证后确定最终的实验方案,进行真实的实验。

1.1.2 能力培养

通过电工及工业电子学相关实验,培养学生正确使用实验仪表、仪器和电工设备的能力;培养学生理论联系实际的能力,能够根据掌握的理论知识,阅读简单的电路原理图;培养学生实际动手能力和解决问题能力,能够独立完成实验任务,能够处理实验操作中出现的问题;培养学生数据处理和独立分析问题能力,能够正确读取实验数据,处理实验数据,绘制波形和曲线,分析实验结果和撰写实验报告;培养学生工程实践的观点,掌握一般的安全用电常识,并在实验中遵守操作规程。同时,还要培养学生树立工程实践的理念、实事求是的作风和勇于创新的精神。

1.2 实验中的用电安全

安全用电对电力生产、科学研究和教学实验都是至关重要的。如何确保人身和设备安全,不触电,不损坏实验仪表、仪器和电工设备,是实验中首先要考虑的问题。同时,实验中通常使用 220 V 的交流电源,学生一定要特别注意安全用电。

1.2.1 确保人身安全

当人体不慎触及电源或带电体时,电流就会流过人体,使人受到电击伤害。伤害程度取决于通过人体电流的大小、通电时间的长短、电流通过人体的途径及电流的频率以及触电者的身体状况等。36 V 以上的直流电和交流电对人体就有危险,220 V 50 Hz 的交流电对人体更危险。1 mA 的电流流过人体就会产生不愉快的感觉,50 mA 的电流流过人体就可能发生痉挛、心脏停博等情况,如果时间过长就有生命危险。在实验中经常使用 220 V/380 V 的交流电,如果忽视安全用电或粗心大意,就很容易触电。例如:由于疏忽,未将电源闸刀拉开就接线或拆线;又如在实验中,某同学正在接线,而另一同学不打招呼就去接通电源;或者操作过程中手触摸了一头已连在电源或电路端子上,或者另一头空甩的线头上;或者触摸了外壳带电的仪器等。尽管实验室采取了有关防止触电的措施,但仍需每位同学从思想上重视。为确保自身和他人的用电安全,实验中要做到以下几点:

(1)实验中应严格遵守操作规则。

(2)不能随意接通电源,尤其是室内总电源,不经实验教师允许绝对不能擅自接通电源。实验台上电源的通断也要与本组同学打招呼,如果有同学正在接、改线,千万不能接通电源。

(3)遵守接线基本规则。先把设备、仪表、电路之间的线接好,经查(自查、互查)无误后,再连接电源线,经实验教师检查同意后,再接通电源(合闸)。拆线顺序是断开电源后,先拆电源线,再拆其他线。

(4)不能随意甩线。绝对不能把一端已经接在电源上的导线的另一端空甩。电路其他部分也不能有空甩线头的现象。线路连接好后,多余、暂时不用的导线都要拿开,放在抽屉内或合适的地方。

(5)在实验中,手和身体绝对不摸不碰任何金属部分(包括仪器外壳)。养成实验时手始终只接触绝缘部分的好习惯,同时要绝对克服习惯性乱摸的坏习惯,或把整个手都放在测试点上的不良测试方法。

(6)谨防电容器件放电放炮而使人体触电。当电容器件通电时,人与器件最好保持一定距离,尤其对容量较大的电容。防止因电容极性接反,或介质耐压等级不够被击穿而伤人事故的发生。也不要随便去摸没有与电源接通和空放着的高电压大电容器的两端,防止带电电容通过人体放电。

(7)防止电灼伤烫伤。在测量时也要防止各种原因造成的短路所产生的电弧灼伤,被大功率管散热片、电阻性元件发热烫伤或被接在电源上的变压器、耦合电感元件等副边上的感应电压击伤等事故的发生。

（8）万一遇到触电事故时不要慌乱，首先应迅速断开电源，断电不方便处可用绝缘器具操作，使触电者尽快脱离电源后再进行救护。

1.2.2　确保设备安全

1. 正确选择仪器和设备

（1）电源。需要看输出信号类别，直流还是交流、正弦波工频源还是信号源；输出方式是否可调；调节方式，稳压源还是稳流源以及最大输出功率、输出电压、输出电流、最佳阻抗匹配等。

（2）仪器、仪表。主要是选择测量类别、测量范围（量程）、测量准确度（级别）、使用位置、使用条件、适用频率范围等。选择表的内阻抗时应考虑尽量减少当仪表接入电路时，对原电路工作状态的影响。因此电压表类选择内阻越大越好，电流表类选择内阻越小越好。

（3）电阻。在选择时主要考虑电阻的类型，电阻的额定功率、阻值、准确度（误差百分数）和电阻的极限工作电压；对于最高环境温度、稳定度、噪声电动势、高频特性等在有些应用场合也需要考虑。

（4）电容。在选择时主要考虑电容的类别、标称耐压值（直流或交流）、标称容量值以及误差百分数，同时还要考虑电容的极性、绝缘材料与阻值、损耗、温度系数、固有电感和工作频率等。电解电容只能用在直流电路中，但要注意极性不能接错。交流电路只能用无极性电容，因此只能选择标交流电压标称值的电容，或选择没标极性的大于 $1.4 \sim 2.8$ 倍直流电压标称值的电容。

（5）电感。在选择时主要考虑电感线圈导线允许通过的电流和电感量大小，而电感值 L 的大小要计算得到，或者已知 L，再根据使用的电源频率计算感抗 X_L。

2. 正确使用仪器和设备

（1）要认真阅读使用说明书。说明书、表盘符号、铭牌都是仪器仪表设备正确使用的依据，对于没使用过的仪器、仪表、设备一定要先看说明书、铭牌、表盘符号或指定的相关附录，并且一定要严格按要求进行操作和使用。

（2）起始位置要正确放置。测量前各仪器、仪表的起始位置，量程选择开关的旋钮位置，各端子、各旋钮大小量程变换装置的位置，一定要放置正确。一般情况下，凡是可调的输出类仪器设备、电源等，开始要放在"0"位置，或低输出位置；凡是用来接收信号或测量用的仪器、仪表应先放在比估算值偏大的位置、偏大的量程，或合适位置，以防万一。

（3）正确使用调零装置。各仪表使用前要调零，因此要弄清各类电子仪器、仪表的电气调零的正确调整方法。测量前都要先调零，然后才能进行测量。

（4）正确进行连接。测量时电压表并联，电流表串联，功率表电压端子并联、电流端子串联，还要同名端相连等不能接错。各仪器输入端、输出端，调压器输入端、输出端和输出起始位置，元器件输入端、输出端，变压器输入端、输出端等绝对不能接错。在测量时，还要注意接线方式、测试表笔测试位置，应串联的串联，应并联的并联。在直流测量时，还要考虑实验仪表的正负极性与电源极性对应关系，不能连错。

（5）有源仪器、仪表使用的注意事项。使用本身带电源的仪器、仪表进行测量时，还要考虑测量过程中仪器、仪表输出的电流或电压能否损坏被测元件，因此要明确输出电流或电压的数量级。如用数字万用表的欧姆挡测微安级电流表内阻就很危险,由于万用表的欧姆挡两个测试端测量时有电流输出,不同倍率输出电流虽然不同,但都可能大于微安级电流表的量程,这就很可能因为在测量微安级电流表内阻时考虑不周,反而把微安表烧了。

3.正确使用保护措施

(1)凡是装有保险管(器、丝)的仪表、仪器和设备,实验中如果烧断保险,不经允许不能随便更换。在更换时一定要注意与原保险容量一样大,不能任意换用额定电流值大的保险。如果保险额定电流值超过仪器、仪表最大电流允许值也就起不到保险(保护)作用了。

(2)多量程电表和万用表用完后应将量程放在交、直流电压最大量程处;凡是带有工作电源的仪器、仪表使用后都要把电源断开;调压器用后及时调回零输出位置等。

另外,当接通电源时一定要注意观察各表指示值是否正常,与事先估算值是否接近,是否有过量程、反转、冒烟、异味、声响、放炮、发热、烧保险丝等现象出现。如果有异常现象,必须立刻断开电源进行检查,排除故障后,再继续操作。实验中切记不能只埋头于操作和读数,还应随时注意观察是否有上述异常现象出现,尤其是电阻类器件,通电时间长了可能会出现过热或烧毁。

1.3　实验环节与基本要求

实验一般分为三个环节,即实验前预习、实验操作和撰写实验报告。每一个实验环节的完成质量都会决定整个实验的结果和质量。下面详细阐述各个环节的内容和要求。

1.3.1　实验前预习

实验前的预习是实验课必不可少的工作。预习工作是实验能否顺利进行和达到预期效果的前提和基础。

(1)必须明确要做的实验项目是什么,认真阅读实验教材中关于实验项目的相关知识,明确实验目的、实验仪器与设备、实验任务,弄清实验原理和实验电路图,明确需要观察什么现象,测量哪些数据,采取的方法和正确的操作步骤等。

(2)实验前,对于要使用的实验仪器和设备,要尽可能熟悉它们的工作原理和技术性能、额定指标和主要特性,以及正确使用的方法,牢记使用中应注意的问题。

(3)按实验教师的要求,将实验中的关键环节和内容写进实验预习报告,还要在预习报告中写好实验待测数据的记录表格,并预先计算出待测量的数值范围。这些数值范围既可作为仪表量程、仪器参数选择的依据,又可作为实验中随时与测量值进行比较和分析的依据。

(4)对于设计性实验,要设计好实验电路图,准备好验证电路设计正确的相应的测试任务和数据表格。

1.3.2　实验操作

实验操作是在详细的预习报告的指导下,在实验室进行和完成的完整实验过程。

(1)将实验预习报告提交实验教师进行检查,检查不合格的学生,教师有权禁止实验。

(2)认真听取实验教师关于本次实验重点、难点和注意事项的讲解。

(3)实验中一定要规范操作和注意用电安全。

1. 实验操作和测量前准备工作

首先核对实验台上的仪器、仪表和设备,核对它们的名称、规格、型号,以及检查它们的外表是否损坏。然后按正确使用要求,合理摆放整齐,选择各表量程,各种电源保证从零起调。各仪器旋钮放在合适的起始位置后,再接通数字示波器、数字交流毫伏级电压表等有源器件的工作电源,进行预热。

2. 连接电路

按照实验电路图连接电路,电路的正确连接顺序一般为先接主回路,再接辅助回路。主回路就是电源、电流表与负载串联的回路,或者说是通过同一电流的回路。对于主回路,连接时可按路径(电流流动方向)进出依次连接,连接后按电路图检查无误,再接并联的回路即辅助回路,最后再接电源两端和电压表。各连接线两端的连接处一定要拧紧、插牢,对于接插件一定要看清结构后再对正插入到位,开关通断、转换开关旋钮等都要准确到位,而且在旋转、插拔时都不能用力过猛,以免造成连接处损坏、脱扣、串位或转轴等。在同一个接线端子上接线不宜多于三根。

实验中不要带电拆改接线,也不要随便把接在电源端子上或电路中任何接线端子上的导线的另一端空甩在一边,无论高压或低压,否则容易发生触电事故。电源端也不能有多余的连线以免引发短路事故。实验中要及时把用剩的导线、导电物品、元器件等,整理好放回抽屉内,以防引起短路或间接触电事故。

3. 教师检查电路后接通电源

按实验内容要求完成电路参数选择和电路的正确连接后,先按电路图自查无误后,再请实验教师复查,必须经实验教师允许后才能接通电源。

4. 注意实验操作中的异常情况

接通电源的同时,一定要注意观察各实验仪器、仪表和电工设备等的指示现象是否正常,是否有反转、过量程,是否有冒烟、发热,有焦味、异常声响等现象。如有异常立刻切断电源仔细检查,待异常排除后再重新接通电源。

5. 记录实验数据

在读数时,要看准实验仪表显示值的数量和单位,注意仪表量程的及时更换,并按要求逐项进行测量和记录,尤其是关键数、特殊点和拐点的数值一定要测准记清。

6. 实验结束的整理工作

完成全部规定的实验任务后,首先断开各带电部分电源(各仪器、有源器件的工作电源可以先不要断开),再认真检查实验记录的项目、数量、单位是否正确,与预算值是否相符,有无漏测,需画曲线的点是否选择合理,关键点、拐点是否测准,是否都符合规律。经自查计算、分析认为正确无误,再请教师复查和在原始记录上签字。

然后,先切断各工作电源和实验台上的总电源,方可进行拆线,记录各实验仪器、仪表、设备的名称型号、量程、编号,并将所有仪器设备复归原位,将导线整理成束,把实验桌面和椅子等整理归位,经实验教师验收后方可离开实验室。

1.3.3　撰写实验报告

实验报告是实验的一个重要环节,是实验工作的全面总结,是提高学生能力的重要阶段。

它是评定学生完成实验质量的重要依据,也是学生实验成绩的主要依据。要求学生完成逻辑清晰、条理清楚、内容完整的实验报告。具体要求包括以下内容。

1. 实验数据的处理

实验报告中要对实验数据进行处理,并记录实验得到的波形,需要画出实验数据的曲线和图表等。实验报告中的曲线、图表画在预定位置或坐标纸上,选取比例要适当,坐标轴要注明单位,绘图时关键点、拐点和特征点一定要绘出,还要尽量使绘出的曲线光滑均匀。其中的公式、图表、曲线图应有符号、编号、标题、名称等说明。为了保证整理后数据的可信度,实验报告中要保留由实验教师签字的原始记录数据。这里,实验数据的处理方法常采用表格法、图示法等。

(1)表格法。将实验数据按某种规律列成表格,这种方法工程上经常采用。它不仅简易方便,规律性强,明了清楚,而且还能为深入地进行分析、计算及进一步处理数据或用图示法表示实验结果打下基础。当采用表格法时要注意:列项要全面合理、数据充足,便于进行观察比较和分析计算、作图等;列项要清楚标明被测量的名称、数值、单位以及前提条件、状态和需观察的现象等;能够事先计算的数据,应先计算出理论值,以便测量过程中进行对照比较;记录原始数据的同时要记录条件和现象,并注意有效数字的选取。

(2)图示法。图示法可更直观地看出各量之间的关系,函数的变化规律,如递增或递减、大小变化等,便于各量之间的比较和被测量的变化规律的观察。图示法常用的是直角坐标法,一般用横坐标表示自变量,纵坐标表示对应的因变量即函数。将各实验数据描绘成曲线时,应尽可能使曲线通过数据点,但又不能画成折线,因此对数据点应正确取舍,最后连接成一条平滑的曲线。采用图示法时要注意:横坐标尺寸比例要根据被测量数量级的大小、曲线形状等合理选择,并应注明被测量的名称及单位;应正确分度坐标横、纵轴,分度间隔值一般应选用 1、2、5 或 10 的倍数,而且根据情况,横、纵坐标的分度可以不同,但要使曲线能正确反应函数关系,并在坐标图上大小适宜;在连点描迹时,为防止数据点不醒目而被曲线遮盖,或者防止在同一坐标图中有不同的几条曲线的数据点混淆,各种数据点可分别采用不同符号标出;为了使曲线更接近实际,能正确完整地反映量值特点,要正确选择测试点;若干彼此相关的量,如果特性曲线有共同的横坐标和纵坐标,应尽量绘在同一幅图上,以便更好地看出它们之间的关系。

2. 实验报告的撰写要求

实验报告要求使用统一的实验报告册或实验报告纸,撰写时逻辑清晰、条理清楚、简明扼要、内容完整、字迹工整、图表清晰、分析合理(包括数据整理、结果分析、误差估计等)、结论正确。书写格式要规范化,电路图、测试表格等要用直尺作出。

一份完整的实验报告一般包含如下几项:

(1)实验目的;

(2)实验仪器与设备;

(3)实验原理;

(4)实验内容;

(5)实验中的注意事项;

(6)实验结论;

(7)回答思考题;

(8)实验中遇到的问题及解决办法；

(9)实验的收获和体会。

实验结论就是实验的成果，对此结论要有科学的依据和理论分析；报告中记录好实验中的测量数据，需计算的要完成相应参数的计算，需要绘制波形的在专用坐标纸上画出，要求清晰、整洁；实验中如果发生故障，应在报告中写明故障现象，分析产生故障的原因，以及排除故障采取的措施和方法等。对于设计性实验，要画出设计的电路图，并验证实验设计的正确性。

实验报告一般分两个阶段撰写。第一阶段，在实验前一周完成，撰写实验报告(1)～(5)项的内容。第二阶段，在实验结束后完成，撰写实验报告的其余部分。

1.4　基本电路元件

基本的电路元件包含电阻、电感和电容，它们也是实验中经常用到的器件。这里，对于电阻、电感和电容元件数值的标注方法介绍如下，方便学生能够从元件的外部标注，快速读出元件的数值用于实验。

1.4.1　电阻标称值的标注方法

电阻标称值和允许误差的表示方法有三种。

(1)直标法。在电阻器件上直接标出电阻值，如：—2Ω—，表示该电阻的阻值为 2 Ω。

(2)文字符号法。将阿拉伯数字和字母符号按照一定规律组合来表示电阻值的方法。在字母符号 M、k 之前的数字表示电阻值的整数部分，在字母符号 M、k 之后的数字表示电阻值的小数部分，字母符号表示小数点的位置和电阻值的单位。如，1M0 表示电阻阻值为 1.0 MΩ，4k7 表示电阻阻值为 4.7 kΩ。

(3)色环标注法。色环标志法是用不同颜色的色环在电阻表面标称阻值和允许偏差。紧挨电阻一个端子的色环为第一环，靠近电阻另一个端子的色环为末环。一般电阻末环距离电阻另一个端子距离较远，露出电阻体的本色部分较多。

通常情况下，电阻可以用四条色环表示标称阻值和允许偏差，其中第一环和第二环是电阻值的有效数字，第三环表示 10 的倍率，第四环表示电阻的误差范围。色环表示的电阻如图1-4-1所示，色环的具体含义见表1-4-1。例如，某电阻的四色环颜色从左到右依次是红、黄、棕、金，查表推知，该电阻标称值为 $24 \times 10^1 = 240$ Ω，误差为 $\pm 5\%$。

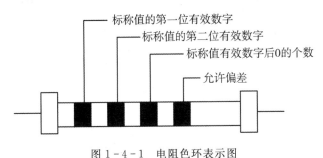

图 1-4-1　电阻色环表示图

表 1-4-1　两位有效数字的电阻色环各部分含义表

颜　色	第一位有效数	第二位有效数	倍　率	允许偏差/(%)
黑	0	0	10^0	
棕	1	1	10^1	±1
红	2	2	10^2	±2
橙	3	3	10^3	
黄	4	4	10^4	
绿	5	5	10^5	±0.5
蓝	6	6	10^6	±0.25
紫	7	7	10^7	±0.1
灰	8	8	10^8	
白	9	9	10^9	−20～+50
金			10^{-1}	±5
银			10^{-2}	±10
无色				±20

1.4.2　电容标称值的标注方法

1. 文字符号法

用数字、文字符号有规律的组合来表示容量。文字符号表示其电容量的单位:pF、nF、μF、mF、μF 等。和电阻的表示方法相同,标称允许偏差也和电阻的表示方法相同。例如,标注 1p2,表示电容容量为 1.2 pF;标注 $3\mu3$,表示电容容量为 3.3 μF。小于 10 pF 的电容,其允许偏差用字母代替:B——±0.1 pF,C——±0.2 pF,D——±0.5 pF,F——±1 pF。

2. 代码标志法

对于体积较小的电容常用三位数字来表示其电容标称值,前两位是标称容量的有效数字,第三位是一个乘数,表示 10 的几次幂,它要与前两位有效数字相乘,容量单位是 pF。例如,标注 222,表示电容值为 2 200 pF;标注 103,表示电容值为 0.01 μF。

另外,电容器中有许多类型的电容器是有极性的,如电解电容、钽电容等,一般极性符号("+"或"−")都直接标在电容相应管脚位置上,有时也用箭头来指明相应管脚。在使用这种电容时,要注意不能将极性接反,否则电容的各种性能都会有所降低,甚至损坏。

1.4.3　电感标称值的标注方法

1. 直标法

用数字和文字符号直接标在电感外壁上,电感量单位后面用一个英文字母表示其允许偏差,各字母代表的允许偏差见表 1-4-2。例如,标注 560 μHK,表示电感量为 560 μH,允许偏差为 ±10%;标注 470 μHM,表示电感量是 470 μH,允许偏差是 ±20%。

表 1-4-2　电感允许偏差表

英文字母	允许偏差	英文字母	允许偏差	英文字母	允许偏差
Y	±0.001%	W	±0.05%	G	±2%
X	±0.002%	B	±0.1%	J	±5%
E	±0.005%	C	±0.25%	K	±10%
L	±0.01%	D	±0.5%	M	±20%
P	±0.02%	F	±1%	N	±30%

2. 文字符号法

用数字和文字符号按一定的规律组合标志在电感外壁上。采用这种标注方法的通常是一些小功率电感,其单位通常为 nH 或 pH,用 N 或 R 代表小数点。例如,标注 4N7,表示电感量为 4.7 nH;标注 47 N,表示电感量为 47 nH;标注 6R8,表示电感量为 6.8 μH。

3. 色环标注法

色标法是指在电感器表面涂上不同的色环来代表电感量(各色环颜色的含义与色环电阻相同),通常用四色环表示,紧靠电感体一端的色环为第一环,露着电感体本色较多的另一端为末环。其第一色环是十位数,第二色环为个位数,第三色环为应乘的倍数(单位为 μH),第四色环为误差率。例如,红、红、红、银色色环的电感,它的电感量为 2.2 mH,误差为 ±10%。

4. 数码表示法

用三位数字来表示电感量的方法,其中从左数起,前面两位是有效数字,最后一位表示有效数字后面加 "0" 的个数,单位是微亨(μH),多见于小功率贴片式电感上面,电感量后面用一个字母表示允许偏差。例如,标注 100 J 的电感量为 10 μH,允许偏差是 ±5%。

1.5　实验的误差

在实验的测量中,因受到各种因素的影响,使得测量结果不是被测量的真值,而是近似值。由于被测量的真值通常是难以获得的,所以在测量技术中,常常把标准仪表的读数当作真值,称为实际值,而把测得的近似值称为测得值。被测量的测得值与实际值之间的差值,叫作误差。

1.5.1　误差的来源

实验中,由于误差产生的原因和性质不同,所以测量误差一般分为系统误差、随机误差和疏失误差等三种。

1. 系统误差

系统误差是一种在测量过程中,保持不变或遵循一定规律而变的误差。造成系统误差的主要原因有以下几点:

(1)测量设备的误差。它是指由于测量用的仪器仪表具有固有误差,以及安装或配线不当等所引起的误差。为了消除这种误差,首先应对测量用仪器仪表进行检定。并在测量中引用其更正值;此外,还应注意安装质量和配线方式,必要时采用屏蔽措施来消除外部磁场和电场的影响。

(2)测量方法的误差。它是指由于测量方法不完善而引起的误差。为消除此误差,在测量中要充分估计到漏电、热电势以及接触电阻等因素的影响。此外,在间接测量时,不宜采用近似公式进行计算,在有必要时还应采用特殊的测试方法,例如采用正负消除法以消除指示仪表的摩擦误差等。

(3)测量条件的误差。它是指由于周围环境变化以及测量人员的视差等引起的误差。为此,应了解测量仪器仪表的使用条件,还要考虑到外界环境变化带来的附加误差。

2. 随机误差

这是一种大小和方向都不固定的偶然性误差。实际测量中,即使在完全相同的测试条件下,重复测量同一被测量时,其测量结果也往往不同,这表明随机误差的存在。产生随机误差的原因很多,如温度、磁场、电场和电源频率等的偶然变化,都会引起随机误差。为了消除随机误差,可采用增加重复测试次数,然后取其算术平均值的方法来达到,测量次数越多,则其测量结果的算术平均值就越趋近于实际值。

3. 疏失误差

这是一种过失误差,是由于测试人员的疏忽,如接线、读数或记录错误等造成的误差。为此,在测试中最好先用已知量,对线路和读数等进行验证。

1.5.2 仪表的误差

实验仪表的误差是指仪表的指示值与被测量的实际值之间的差异。根据误差的来源,仪表的误差分两种。

(1)基本误差:仪表在规定的正常工作条件下,由仪表本身结构和工艺上的不完善所引起的误差,如刻度不准、摩擦误差等。

(2)附加误差:仪表偏离正常工作条件所引起的额外误差,如环境温度、放置方式、使用频率和波形等不合要求,有外磁场或外电场存在等。

1.5.3 仪表误差的表示方法

实验仪表误差的表示方法有三种:

(1)绝对误差:仪表的指示值 A_x 与被测量的实际值 A_0 之间的差值 Δ,称为绝对误差,即

$$\Delta = A_x - A_0 \qquad (1-5-1)$$

例如,当电流表指示值为 4.65 A,而其实际值为 4.63 A 时,则其绝对误差应为 $+0.02$ A。又如,线圈电阻额定值为 $1\,000\ \Omega$,而实际值为 $1\,000.5\ \Omega$ 时,则其绝对误差为 $-0.5\ \Omega$。可见,绝对误差具有正负之分,同时还具有与被测量相同的量纲。

此外,由式(1-5-1)可得

$$A_0 = A_x + (-\Delta) = A_x + C \qquad (1-5-2)$$

式中,$C = -\Delta$,称为更正值。可见更正值和绝对误差大小相等且符号相反。在引进更正值后,就可以对仪表指示值进行校正,使其误差得到消除。

(2)相对误差:绝对误差 Δ 与被测量的实际值 A_0 的比值,叫作相对误差。相对误差没有量

纲,通常用百分数来表示。如以 r 来表示相对误差,则

$$r = \frac{\Delta}{A_0} \times 100\% \qquad (1-5-3)$$

相对误差不仅可以表示测量结果的准确程度,也便于对不同的测量方法进行比较。因为在测量不同的被测量时,不能简单地用绝对误差来判断其准确程度。例如,在测量 100 V 电压时,绝对误差为 $\Delta_1 = +1$ V;在测 10 V 电压时,绝对误差为 $\Delta_2 = +0.5$ V,则从其绝对误差值来看,Δ_1 大于 Δ_2。但从仪表误差对测量的相对结果来看,却正好相反。因为测 100 V 电压时的误差,只占被测量的 1%,而测 10 V 电压时的误差,却占被测量的 5%,即在测 10 V 电压时,其误差对测量结果的相对影响更大,所以,在工程上通常采用相对误差来比较测量结果的准确程度。

由于被测量的实际值与仪表的指示值通常相差很小,所以也常用仪表的指示值 A_x 来近似地计算相对误差

$$r \approx \frac{\Delta}{A_x} \times 100\% \qquad (1-5-4)$$

(3) 引用误差:相对误差可以表示不同测量结果的准确程度,但却不足以说明仪表本身的准确性能。同一个仪表,在测量不同的被测量时,摩擦等原因造成的绝对误差变化不大,但随着被测量值的变化,仪表指示值 A_x 却在仪表的整个刻度范围内变化。因此,一个仪表在按式 $(1-5-3)$ 计算相对误差时,对应于不同的被测量就有不同的相对误差。这样,就难以用相对误差去全面衡量一个仪表的准确性能。例如,一个测量范围为 $0 \sim 250$ V 的电压表,在测量 200 V 电压时绝对误差为 1 V,则其相对误差为 $r_1 = \frac{1}{200} = 0.5\%$;用同一只电压表测量 10 V 电压时,绝对误差为 0.9 V,其相对误差则为 $r_2 = \frac{0.9}{10} = 9\%$。可见,在被测量变化时,其相对误差也就随着改变了。

引用误差是指绝对误差 Δ 与仪表测量上限 A_m(仪表的满量程)之比值的百分数。若用 r_m 来表示引用误差,则有

$$r_m = \frac{\Delta}{A_m} \times 100\% \qquad (1-5-5)$$

1.5.4 仪表的准确度等级

仪表的准确度是指仪表在正常工作条件下,其指示值与被测量实际值的接近程度。仪表的准确度等级由基本误差决定,常用最大引用误差表示。即

$$\pm K(\%) = \frac{\Delta X_m}{A_m} \times 100\% \qquad (1-5-6)$$

式中,K 表示仪表的准确度等级;ΔX_m 为仪表量程范围内的最大绝对误差;A_m 是仪表的量程(满偏)值。从式 $(1-5-6)$ 可看出仪表的级别是仪表量程范围内的最大绝对误差与仪表满量程值之比,再乘以百分数。我国电工测量指示仪表分为 7 个等级,各级别仪表在正常工作条件下使用时,其基本误差不应超过表 1-5-1 中的规定。仪表的基本误差越小,表示准确度等级越高。通常 0.1、0.2 级仪表用作标准表或精密测量,$0.5 \sim 1.0$ 级表用于实验室一般测量,$1.5 \sim 5$ 级表为一般工程用表。

表 1-5-1　仪表等级及其误差

准确度等级	0.1	0.2	0.5	1.0	1.5	2.5	5.0
基本误差/(%)	±0.1	±0.2	±0.5	±1.0	±1.5	±2.5	±5.0

1.6　实验中排除故障的方法

　　实验中经常会遇到电路故障、接线错误,导致不能得到预期的实验结果。能否在实验中快速、准确地查出故障原因和故障点,并及时加以排除,是学生实践能力的体现。快速准确排除故障,既需要有较深的理论基础,又需要有丰富的实践经验和熟练的操作技能,才能对故障现象做出准确的分析和判断。这里仅就电工及工业电子学实验中可能会遇到的一些常见故障、发生原因及排除方法做以简要的介绍。

1.6.1　实验故障与产生原因

1. 开路故障

　　故障现象一般为无电压、无电流、无任何声响与异常,只是实验仪表不显示数据,数字示波器不显示波形等。

　　产生原因是电路有断开处,保险丝熔断,导线有断线处,元器件有断开处,接线端子、插接件连接不好或没接触上,接线端子松动,焊片有脱离及开关内部通断位置不对等。

2. 短路故障

　　此故障属于破坏性故障,一定要防止。故障现象为电流急剧增大、电源保险烧断,元器件损坏或元器件发热厉害,有冒烟、烧焦、异味等。

　　产生原因多数为线路连接错误。如电源输出端或线路端子间距离近,被接线端子外露部分短接等原因,造成电压源输出端被短接;调压器或变压器接反,把低电压或"0"输出错接到220 V 电源上;也可能由于电路参数选择错误,把小阻值负载当成大阻值负载用;可调电阻的可调输出端错误地放在很小(初始值一般应该放在较大位置)或接近"0"位置;当测量时误用内阻很小的电流表并联在电源或大阻值负载的两端,相当于用电流表去测电压;电路复杂,多余的连线把电源间接短接;电感器件被接到直流电源上;接在电路上的电容元件已被击穿短路、极性接反等。

3. 其他故障

　　故障现象多变,如测试数据时大时小;测试的数据与预先估算值相差较远;表的读数突然变大;某器件过热。

　　产生故障的原因大多是接触不良或仪表、器件选择不当。如接线端与导线接触松动,线路焊接不牢固或虚焊,导线似断非断,开关、刀闸接触不良;调压器炭刷接触不良,某位置没输出,而某位置突然有输出但超过需要值;仪表测量机构部分阻尼不好,机械部分位置多变;测试仪表与电路参数不匹配,如电路总阻抗很小,而测量时串联电流表阻值又偏大;被测器件阻值很大,并联电压表内阻又偏小;表的量程选择不当;多量程仪表、仪器的旋钮错位;测试方法错误,用电流表或欧姆表去测电源电压;电路带电,有其他并联和相关支路的情况下去测电阻;元器件参数容量选择不当,通过元件电流超过允许值,器件发热时间长,特性变化等。

4.元器件损坏

故障现象为电阻器件、电感器件过热烧坏,二极管、晶体管被击穿,电容器击穿,集成芯片烧坏等。

产生原因为通过电阻、电感线圈的电流超过允许值;外加电压升高使流过器件的电流增加,通电时间长而散热又不好;电容极性接反,元件电压等级小于使用电压;极性电容器用在交流电路;集成芯片的管脚接错;电压过高等。

1.6.2　实验故障的排除方法

实验中电路故障的原因多种,现象多样,但其实质无非是电路接错、断(开)路、短路、接触不良(时通时断),或使用错误,如量程、容量、额定值选择不当,或者测试点、测试导线连接不正确等。

1.短路故障的排除方法

短路故障的后果很严重,如果发生则应立刻断电检查。可直接查看或采用测电阻法找出短路(电阻很小接近零)故障点,纠正错误的测试方法和接线错误等。

2.断(开)路故障的排除方法

当出现断(开)路故障时,由于电路不通没有电流,一般直观看不出,但不等于电路没有电压,更不等于电路没有危险。排除方法如下:

(1)采用断电后测电阻法。先把电路与电源断开,检查电源保险丝是否烧断,若保险丝未烧断,再逐个进行元件、导线的通断检查。器件、导线两端电阻正常时,应为很小或有一定阻值,如果为无限大,说明断了。逐个依次查,直到查出断点为止。

(2)采用电路带电测电压法。用电压表直接找电压等于电源电压的两点。如果是一根导线或一个器件两端电压等于电源电压,说明这根导线或这个器件断,因正常时导线两端电压应为 0 或者很小,逐段检查,直到查出断点为止;也可以用电压表先从电源输出端量起,先看电源有无电压输出,如果有电压,可以一个表笔不动,而另一个表笔往下移动,直到电压表测不出电压时,说明这点与前一点之间是断开的,再根据情况判断是导线、器件或其他连接部分何处断(开)路。

3.接触不良的排除方法

接触不良现象多样,可同样采取上述两种方法进行检查,但可能一下查不出,因为故障现象可能在某一位置暴露,某一位置又不明显。查的过程要想想办法,将被查可疑部分变换位置或稍微晃动,使故障点暴露后便于检查和排除。

4.过载、过热、烧坏、过量程等故障的排除方法

要从参数、量程、容量的选择配合上是否合适,使用、测量时连接是否正确等方面找原因,或检查是否有元器件容量不够、质量差、标称不符、旋钮位置不对应等。

5.集成芯片的故障排除方法

要清楚芯片各管脚的作用,芯片的电源电压一般不得超过 5 V。但不管采取什么方法,怎么检查故障,都要在明确被测被查器件或被查部分的正常情况和故障情况的区别的前提下进行,否则怎么查也不易把故障查出,更不可能快速排除故障。

第 2 章　常用实验仪器与实验装置

电工及工业电子学实验主要包括电工技术实验和电子技术实验。实验中,学生需要在实验室的电工电子综合实验台上完成实验任务,并要求学生在实验的测量和观测中,能够熟练掌握各种常用实验仪器的使用方法。本章主要介绍实验中经常使用的实验仪器,如信号发生器、数字示波器、数字交流毫伏级电压表,包括三种常用实验仪器的主要性能、面板上各旋钮和按键的功能和使用方法等,此外,还要介绍电工电子综合实验台各面板的主要功能。

2.1　信号发生器

信号发生器,又称信号源或振荡器,是一种能提供各种频率、波形和输出电平电信号的实验仪器。在各种电工电子系统的特性研究和参数测量中,用作测试的信号源或激励源,能够产生多种波形,如三角波、锯齿波、矩形波(含方波)、正弦波,在生产实践和科技领域中有着广泛的应用。这里以实验室中 SG1025P 三路功率信号发生器的常用功能进行主要介绍,其他型号的信号发生器与它的使用方法类似,只是面板上操作键的位置和操作流程略有差异而已。

2.1.1　前面板介绍

SG1025P 三路功率信号发生器的前面板布局图如图 2-1-1 所示。这里,前面板被分为 11 个部分,依次为①TFT LCD 显示屏,②USB Host 口,③电源开关按键,④SoftKey,⑤功率放大器输出口(PA Out),⑥波形输出端口,⑦通道键,⑧光标方向键,⑨旋钮,⑩数字键盘和⑪功能键。

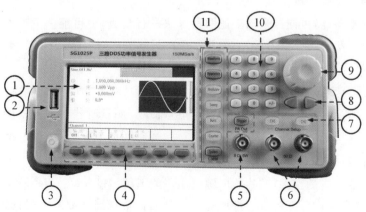

图 2-1-1　信号发生器前面板布局图

使用信号发生器时,按下电源开关按键⏻,按键显示为绿色,表示机器电源已经打开。显示厂家 LOGO 后进入正常工作显示界面。按键⏻下的灯光为浅红色时,表示机器已经接上交流电源,待开机状态,如果按键下的灯光为绿色时,表示机器已经打开电源开关,仪器进入了正常工作状态。如果要关断机器电源的话,应该按住按键⏻超过 2 s 以上,才能关闭电源。这能有效预防因不小心碰擦电源开关按键而误关闭电源的情况。

前面板液晶显示界面如图 2-1-2 所示。显示界面被分为 6 个部分,依次为①通道信息显示区,②主波形参数显示区,③波形显示区,④调制波形参数显示区,⑤遥控、参考时钟源状态显示区和⑥菜单显示区。

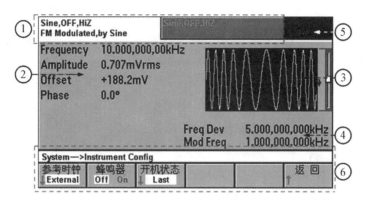

图 2-1-2　液晶显示界面

2.1.2　数据的输入方法

信号发生器数据的输入有两种方法,一种是使用旋钮和光标方向键,一种是使用键盘输入和 SoftKey 来选择单位。

1. 使用旋钮和光标方向键来修改数据

(1)使用旋钮下边的左右光标键,在参数上左右移动光标。

(2)旋转旋钮来修改参数,旋转旋钮可以改变单一数值位的大小,旋钮顺时针旋转一格,数值增 1;逆时针旋转一格,数值减 1。

2. 使用数字键盘输入数据,使用 SoftKey 选择单位

数字键盘和 SoftKey 的放大图如图 2-1-3 所示。使用下边的 SoftKey 来选择要修改的参数:

(1)使用数字键盘输入数据,用旋钮下边的左右光标方向键,在参数上左右移动光标。

(2)按下对应单位下边的 SoftKey,选择单位。

(3)+/- 键用来输入数据正、负符号。

(4)左方向键用来在选择单位前,删除前一位输入的数字。

2.1.3　功能键的说明

前面板上的功能键的放大图如图 2-1-4 所示。各功能键的功能介绍如下:

（1）"Waveforms"键：进入仪器输出主波形的选择菜单界面。

（2）"Parameters"键：进入仪器输出主波形的参数设置菜单界面。

（3）"Modulate"键：进入仪器调制功能选择及相应参数设置菜单界面。

（4）"Sweep"键：进入频率扫描参数设置菜单界面。

（5）"Burst"键：进入猝发参数设置菜单界面。

（6）"Counter"键：进入通用计数器菜单界面。

（7）"System"键：进入系统参数设置菜单界面，在远控情况下，按此键返回本地状态（Local）。

（8）"Trigger"键：进入触发条件和同步信号设置菜单界面。

（9）"CH1"键：切换到显示界面显示通道 1 的参数，进入通道菜单界面。

（10）"CH2"键：切换到显示界面显示通道 2 的参数，进入通道菜单界面。

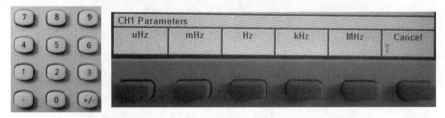

图 2-1-3　数字键盘和 SoftKey 的放大图

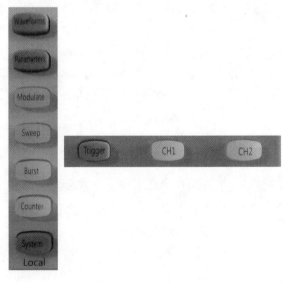

图 2-1-4　功能键的放大图

2.1.4　输出波形选择

信号发生器包括 6 种标准波形：正弦波、方波、脉冲波、斜波、噪声波和直流电压，还存在 50 种内置任意波形和 12 个用户自定义波形。按 Waveforms 键，输出主波形的选择菜单界面图如图 2-1-5 所示。下面对实验中常用的波形设置进行介绍。

| Sine ∿ | Square ⊓_ | Ramp ⋀ | Pulse ⊓⎍ | Arb ∿ | More ▶▶ 1 of 2 |
| Noise ⋀⋀⋀ | DC — | | | | More ◀◀ 2 of 2 |

图 2-1-5　输出波形选择菜单界面图

1.输出正弦波

按 Waveforms 键,接着按 Sine 下面的 SoftKey。通道信息区出现 Sine 字样,屏幕上的波形显示区显示正弦波形,通道输出正弦波。输出正弦波的显示界面图如图 2-1-6 所示。SG1000P 系列信号发生器可输出 1 μHz ～ 25 MHz(CH1/CH2)的正弦波形。按菜单下边相对应的 SoftKey,选中相应的频率/周期(Frequency/Period)、输出电平 幅度/高电平(Amplitude/High Level)、直流偏移/低电平(Offset/Low Level)、相位(Phase)等参数。也可以通过旋钮或数字键盘来修改设置所需要的参数。具体操作是,在显示屏幕的菜单上,按"Frequency"下边的 SoftKey,来切换当前输出频率的显示输入格式在"Frequency""Period"之间切换。按"Amplitude"下边的 SoftKey,来切换输出幅度的显示和输入的单位。有 Vpp、Vrms、dBm 三项单位,互相之间可相互切换。"Ampl & Offset"和 "High & Low Level"单位之间的切换在当前通道显示单位之间的切换。信号发生器的缺省输出参数是频率 10 kHz,输出幅度2 Vpp,直流偏移 0 Vdc,相位 0.00°的正弦波形。

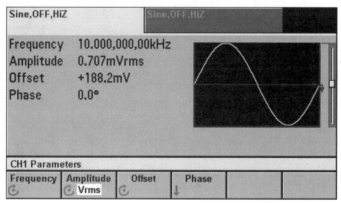

图 2-1-6　输出正弦波的显示界面图

2.输出方波

按 Waveforms 键,接着按 Square 下面的 SoftKey。通道信息区出现 Square 字样,屏幕上的波形显示区显示方波波形通道输出方波。输出方波的显示界面图如图 2-1-7 所示。

SG1000P 系列能够输出频率 1 μHz～15 MHz(CH1/CH2)的方波。按菜单下边相对应的 SoftKey,选中相应的频率/周期(Frequency/Period)、输出电平幅度/高电平(Amplitude/High Level)、直流偏移/低电平(Offset/Low Level)、方波占空比(Duty Cycle)、相位(Phase)等参数。也可以通过旋钮或数字键盘来修改设置所需要的参数。具体操作是,在显示屏幕的菜单上,按"Frequency"下边的 SoftKey,来切换当前输出频率的显示输入格式在"Frequency""Period"之间切换。按"Amplitude"下边的 SoftKey,来切换输出幅度的显示和输入的单位。

有 Vpp、Vrms、dBm 三项单位,互相之间相互切换。"Ampl&Offset"和"High & Low Level"单位之间的切换在当前通道显示单位之间的切换。仪器的缺省输出参数是频率 10 kHz,输出幅度 2 Vpp,直流偏移 0 Vdc,占空比 50% 的方波波形。

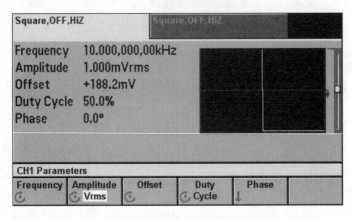

图 2-1-7 输出方波的显示界面图

3. 输出脉冲波(矩形波)

按 Waveforms 键,接着按 Pulse 下面的 SoftKey。通道信息区出现 Pulse 字样,屏幕上的波形显示区显示脉冲波形,通道输出脉冲波。输出脉冲波的显示界面图如图 2-1-8 所示。

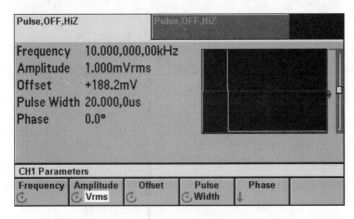

图 2-1-8 输出脉冲波的显示界面图

SG1000P 系列能够输出频率 1 μHz～25 MHz(CH1/CH2)的脉冲波。按菜单下边相对应的 SoftKey,选中相应的频率/周期(Frequency/Period)、输出电平幅度/高电平(Amplitude/High Level)、直流偏移/低电平(Offset/Low Level)、脉冲宽度/占空比(Pulse Width/Duty Cycle)、脉冲上升沿(Lead edge)、下降沿(Trail edge)、相位(Phase)等参数。也可以通过旋钮或数字键盘来修改设置所需要的参数。具体操作是,在显示屏幕的菜单上,按"Frequency"下边的 SoftKey,来切换当前输出频率的显示输入格式在"Frequency""Period"之间切换。按"Amplitude"下边的 SoftKey,来切换输出幅度的显示和输入的单位。有 Vpp、Vrms、dBm 三项单位,互相之间相互切换。"Ampl & Offset"和"High & Low Level"单位之间的切换在当前通道显示单位之间的切换。在显示屏幕菜单上,按"Pulse Width"下边的 SoftKey,来切换当前脉冲宽度的显示输入格式在"Pulse Width"和"Duty Cycle"之间切换。仪器的缺省输出参数是频率 10 kHz,输出幅度 2 Vpp,直流偏移 0 Vdc,脉冲宽度 100 μs,上升沿和下降沿都是 18 ns 的脉冲波形。

　　4.输出任意波

　　按 Waveforms 键,接着按 Arb 下面的 SoftKey。通道信息区出现 Arb 字样,屏幕上的波形显示区显示任意波形,通道输出任意波。输出任意波的显示界面图如图 2-1-9 所示。

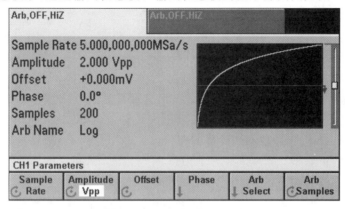

图 2-1-9　输出任意波的显示界面图

　　SG1000P 系列信号发生器内含采样点为 8~16 384 Samples,14 bits 垂直分辨率的任意波形发生器。按菜单下边相对应的 SoftKey,选中相应的采样率/频率(Sample Rate/ Frequency)、输出电平幅度/高电平(Amplitude/High Level)、直流偏移/低电平(Offset/Low Level)、相位(Phase)等参数。也可以通过旋钮或数字键盘来修改设置你所需要的参数。具体操作是,在显示屏幕菜单上,按 Sample Rate 下边的 SoftKey,来切换当前输出频率的显示输入格式在"Sample Rate"和"Frequency"之间切换。"Ampl & Offset"和"High & Low Level"单位之间的切换在当前通道显示单位之间的切换。按 Arb Select 下边的 SoftKey,进入任意波选择界面如图 2-1-10 所示。可以通过旋钮和光标上下箭头来选择仪器内部已有的任意波形。选择完毕后按 Select 下边的 SoftKey 确认,否则按 Done 下边的 SoftKey 返回上级菜单。

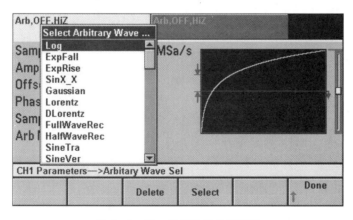

图 2-1-10　任意波选择界面图

2.1.5　工作模式的选择

信号发生器前面板上的四个工作模式选择键为"Modulate""Sweep"" Burst"和"Counter"。按 Modulate 键,进入调制功能菜单,可以实现 AM、DSSC AM、FM、PM、FSK、BPSK、ASK 等调制功能。按 Sweep 键,进入频率扫描功能菜单,实现频率扫描功能。按 Burst 键,进入猝发功能菜单,实现猝发功能。按 Counter 键,进入通用计数器功能菜单,实现频率、周期、脉宽占空比、计数器等的测量功能。

1.输出调幅波形

在 CH1 界面下,按 Modulate 键,进入调制功能菜单。按 Type 下边的 SoftKey,进入调制类型选择菜单。按 AM 下边的 SoftKey,选择 AM 调制。按 Modulate（Off On）下边的 SoftKey,打开调制功能,通道输出调幅波形。波形显示区显示 AM 波形如图 2-1-11 所示。在 AM 界面可以设置调幅波形的调制波形（Shape）、调制频率（Mod Freq）、调制深度（AM Depth）、调制源（Source）、双边带抑制载波调幅（DSSC AM）等各项调制参数。缺省的调制参数是载波 10 kHz 的正弦波,调制频率为 1 kHz 的正弦波,调制深度为 50%,调制源为内部（Int）,双边带抑制载波调幅（DSSC AM）关闭。

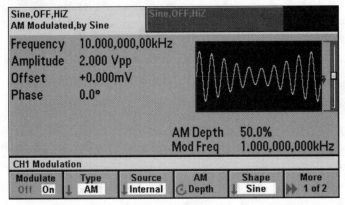

图 2-1-11　输出 AM 波的显示界面图

2.输出调频波形

在 CH1 界面下,按 Modulate 键,进入调制功能菜单。按 Type 下边的 SoftKey,进入调制类型选择菜单。按 FM 下边的 SoftKey,选择 FM 调制。按 Modulate（Off On）下边的 Soft-Key,打开调制功能,通道输出调频波形。波形显示区显示 FM 波形如图 2-1-12 所示。在 FM 界面可以设置调频波形的调制波形（Shape）、调制频率（Mod Freq）、调制深度（Freq Dev）、调制源（Source）等各项调制参数。缺省的调制参数是为 10 kHz 的正弦波,调制频率为 1 kHz 的正弦波,调制深度为 5 kHz,调制源为内部（Int）。

3.输出调相波形

在 CH1 界面下,按 Modulate 键,进入调制功能菜单。按 Type 下边的 SoftKey,进入调制类型选择菜单。按 PM 下边的 SoftKey,选择 PM 调制。按 Modulate（Off On）下边的 Soft-Key,打开调制功能,通道输出调相波形。波形显示区显示 PM 波形如图 2-1-13 所示。在

PM 界面可以设置调相波形的调制波形(Shape)、调制频率(Mod Freq)、调制深度(Phase Dev)、调制源(Source)等各项调制参数。缺省的调制参数是载波为 10 kHz 的正弦波,调制频率为 1 kHz 的正弦波,调制深度为 180°,调制源为内部(Int)。

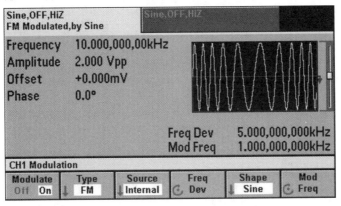

图 2-1-12　输出 FM 波的显示界面图

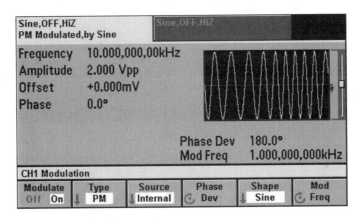

图 2-1-13　输出 PM 波的显示界面图

2.1.6　使用操作说明

通过前文对于信号发生器的前面板布局和各种功能和按键的使用有了一个初步的了解。下面对于实验中经常用到的正弦波信号和脉冲波信号的设置过程进行详细的操作说明。

1.设置正弦波信号

按 Waveforms 键,接着按 Sine 下面的 SoftKey。通道信息区出现 Sine 字样,屏幕上的波形显示区显示正弦波形,通道输出正弦波。进入正弦波的各种参数设置界面,正弦波的参数有频率/周期、幅度/高电平、偏移/低电平和相位。可以通过设置修改这些参数来实现用户所要求的正弦信号波形。各显示参数表见表 2-1-1。

(1)设置输出信号的频率/周期。

按 Parameters—Frequency 当前信号的频率值会被选中并点亮。用户可以使用旋钮或数字键盘来设置或修改。如果要输入周期值,可以再按一下相应的 SoftKey,那么就会切换至 Period。比如要设置 100 kHz,可以使用数字键盘和单位菜单下边的 SoftKey 来完成。如先按

⌊1⌋⌊0⌋⌊0⌋,再按单位 kHz 下边的 SoftKey 完成输入。在使用数字键盘和单位输入的情况下，在输入单位之前,左方向键用于删除上一位输入的数字。设置频率操作界面图如图 2－1－14 所示。也可以使用左右方向键和旋钮来完成数值的设置和修改。使用左右方向键来左右移动光标,使用旋钮来增加或减少数值。

表 2－1－1 正弦波形显示参数表

菜单名称	菜单选项	功能说明
Frequency/ Period	Frequency	选择和设置主波形信号的频率,选中后再按下边的 SoftKey,切换至 Period
	Period	选择和设置主波形信号的周期,选中后再按下边的 SoftKey,切换至 Frequency
Amplitude/ High Level	Amplitude	选择和设置主波形信号的输出幅度。选中后再按下边的 SoftKey,输出幅度的单位会在 Vpp/Vrms/dBm 之间相互切换
	High Level	选择和设置主波形信号输出的高电平数值,单位为 mV 和 V
Offset/ Low Level	Offset	选择和设置主波形信号输出的偏移数值
	Low Level	选择和设置主波形信号输出的低电平数值,单位为 mV 和 V
Phase	Phase	选择和修改波形输出的起始相位
	Set 0 Phase	设置波形输出的起始相位为 0°
	Sync Internal	从内部同步两个通道输出信号的相位

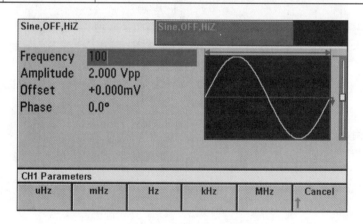

图 2－1－14 设置频率操作界面图

比如要设置 0.01 ms,可以使用数字键盘和单位菜单下边的 SoftKey 来完成。如先按⌊0⌋⌊·⌋⌊0⌋⌊1⌋,再按单位 mSec 下边的 SoftKey 完成输入。在使用数字键盘和单位输入的情况下,在输入单位之前,左方向键用于删除上一位输入的数字。设置周期值操作界面图如图 2－1－15 所示。也可以使用左右方向键和旋钮来完成数值的设置和修改。使用左右方向键来左右移动光标,使用旋钮来增加或减少数值。

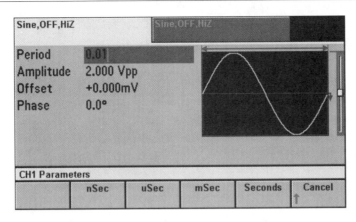

图 2-1-15 设置周期值操作界面图

（2）设置输出信号的幅度。

按 Parameters—Amplitude 当前信号的输出幅度值会被选中并点亮。用户可以使用旋钮或数字键盘来设置或修改。比如要设置输出幅度 2.3 Vpp，可以使用数字键盘和单位菜单下边的 SoftKey 来完成。如先按 ②·③，再按单位 Vpp 下边的 SoftKey 完成输入。在使用数字键盘和单位输入的情况下，在输入单位之前，左方向键用于删除上一位输入的数字。操作界面如图2-1-16所示。

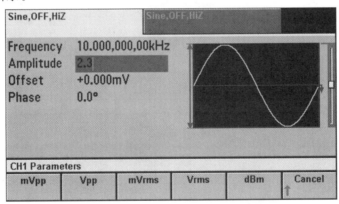

图 2-1-16　输入幅度值操作界面图

（3）设置输出信号的直流偏移。

按 Parameters—Offset 当前信号的输出直流偏移值会被选中并点亮。用户可以使用旋钮或数字键盘来设置或修改。比如要设置输出直流偏移－1.5 V，可以使用数字键盘和单位菜单下边的 SoftKey 来完成。如先按 －①·⑤，再按单位 V 下边的 SoftKey 完成输入。在使用数字键盘和单位输入的情况下，在输入单位之前，左方向键用于删除上一位输入的数字。操作界面如图 2-1-17 所示。

（4）设置输出信号的相位。

按 Parameters—Phase 进入相位操作界面，当前信号的输出相位值会被选中并点亮。用户可以使用旋钮或数字键盘来设置或修改。相位 Phase 参数见表 2-1-2。比如要设置输出的相位45°，可以使用数字键盘和单位菜单下边的 SoftKey 来完成。如先按 ④⑤，再按单位°

下边的 SoftKey 完成输入。在使用数字键盘和单位输入的情况下,在输入单位之前,左方向键用于删除上一位输入的数字。操作界面如图 2-1-18 所示。

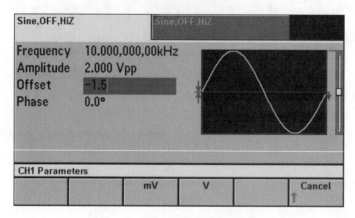

图 2-1-17 输入直流偏移值操作界面图

表 2-1-2 相位 Phase 参数表

菜单名称	功能说明
Phase	选择和设置主波形信号的输出相位
Set 0 Phase	直接设置主波形的输出相位为 0°
Internal Sync	同步两通道输出信号的相位

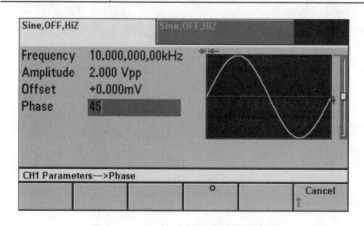

图 2-1-18 输入相位值操作界面图

(5)同步两通道输出信号的相位。

如果需要同步两通道输出的相位,在此界面下,按 Internal Sync 下边 SoftKey,就可以实现。

2.设置脉冲波信号

按 Waveforms 键,接着按 Pulse 下面的 SoftKey。通道信息区出现 Pulse 字样,屏幕上的波形显示区显示脉冲波波形。通道输出脉冲波。进入脉冲波的各种参数设置界面。脉冲波的参数有频率/周期、幅度/高电平、偏移/低电平、脉冲宽度/占空比、上升沿、下降沿和相位。可以通过设置修改这些参数来实现用户所要求的脉冲波信号波形。显示界面如图 2-1-19 所示,各参数说明见表 2-1-3。使用菜单下边的 SoftKey 选择要设置和修改的参数,屏幕左上方被选择的参数会被高亮。

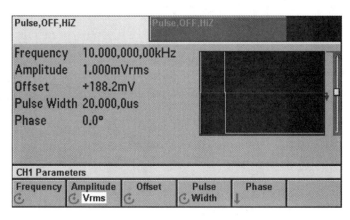

图 2-1-19　脉冲波显示界面图

表 2-1-3　脉冲波形参数表

Pulse 参数菜单说明

菜单名称	菜单选项	功能说明
Frequency/ Period	Frequency	选择和设置主波形信号的频率,选中后按下边的 SoftKey,切换至 Period
	Period	选择和设置主波形信号的周期,选中后按下边的 SoftKey,切换至 Frequency
Amplitude/ High Level	Amplitude	选择和设置主波形信号的输出幅度。选中后按下边的 SoftKey,输出幅度的单位会在 Vpp/Vrms/dBm 之间相互切换
	High Level	选择和设置主波形信号输出的高电平数值,单位为 mVdc 和 Vdc
Offset/ Low Level	Offset	选择和设置主波形信号输出的偏移数值
	Low Level	选择和设置主波形信号输出的低电平数值,单位为 mVdc 和 Vdc
Pulse Width/ Duty Cycle	Pulse Width	选择和设置脉冲信号的脉冲宽度,按下边的 SoftKey,切换至 Duty Cycle
	Duty Cycle	选择和设置脉冲信号的占空比,按下边的 SoftKey,切换至 Pulse Width
Phase	Phase	选择和修改波形输出的起始相位
	Set 0 Phase	设置波形输出的起始相位为 0°
	Sync Internal	从内部同步两个通道输出信号的相位

(1)设置脉冲波信号的脉冲宽度。

按 Parameters—Pulse Width 当前脉冲波信号的脉冲宽度会被选中和点亮。用户可以使用旋钮或数字键盘来设置或修改。比如要设置脉冲宽度为 $15.4~\mu s$,可以使用数字键盘和单位菜单下边的 SoftKey 来完成。如先按 1 5 · 4,再按单位 uSec 下边的 SoftKey 完成输入。在使用数字键盘和单位输入的情况下,在输入单位之前,左方向键用于删除上一位输入的数字。操作界面如图 2-1-20 所示。

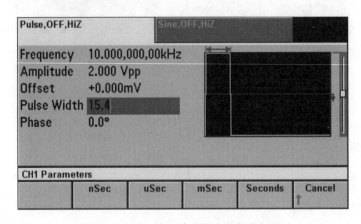

图 2-1-20　输入脉冲宽度的操作界面

(2)设置脉冲波信号的占空比。

按 Parameters—Duty Cycle 当前脉冲波信号的占空比会被选中和点亮。用户可以使用旋钮或数字键盘来设置或修改。比如要设置占空比为 25.4%,可以使用数字键盘和单位菜单下边的 SoftKey 来完成。如先按 2 5 · 4,再按单位% 下边的 SoftKey 完成输入。在使用数字键盘和单位输入的情况下,在输入单位之前,左方向键用于删除上一位输入的数字。

2.2　数字示波器

数字示波器是集数据采集、A/D 转换、软件编程等一系列技术的高性能示波器。它是能够把电信号的变化规律转换成可直接观察其波形的电子仪器,并根据观测到的电信号的波形对其多种参数进行测量和存储。这里以实验室中 SDS1000X-E 系列数字示波器的常用的功能进行主要介绍,其他型号的数字示波器与它的使用方法类似,只是面板上的操作键的位置和操作流程略有差异而已。

SDS1000X-E 系列数字示波器的前面板布局图如图 2-2-1 所示。这里,前面板被分为 14 个部分,各部分说明见表 2-2-1。

1. 水平控制

数字示波器的水平控制区各按键和旋钮的介绍如下:

Roll:按下该键快进入滚动模式。滚动模式的时基范围为 50 ms/div～100 s/div。

Search:按下该键开启搜索功能。该功能下,示波器将自动搜索符合用户指定的条件的事件,并在屏幕上方用白色三角形标记。

水平 Position ⊙:修改触发位移。当旋转旋钮时触发点相对于屏幕中心左右移动。在修改过程中,所有通道的波形同时左右移动,屏幕上方的触发位移信息也会相应变化。按下该按钮可将触发位移恢复为 0。

水平挡位 ⊙:修改水平时基挡位。顺时针旋转减小时基,逆时针旋转增大时基。修改过程中,所有通道的波形被扩展或压缩,同时屏幕上方的时基信息相应变化。按下该按钮快速开启 Zoom 功能。

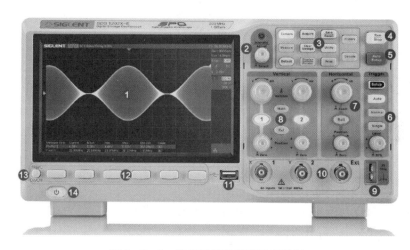

图 2-2-1　数字示波器前面板布局图

表 2-2-1　数字示波器前面板各部分说明表

编　号	说　明	编　号	说　明
1	屏幕显示区	8	垂直控制
2	多功能旋钮	9	补偿信号输出端/接地端
3	常用功能区	10	模拟通道和外触发输入端
4	停止/运行	11	USB Host 端口
5	自动设置	12	菜单软键
6	触发控制	13	Menu on/off 软键
7	水平控制	14	电源软开关

2.垂直控制

数字示波器的垂直控制区各按键和旋钮的介绍如下:

①:模拟输入通道。两个通道标签用不同颜色标识,且屏幕中波形颜色和输入通道连接器的颜色相对应。按下通道按键可打开相应通道及其菜单,连续按下两次则关闭该通道。

垂直 Position ⊙:修改对应通道波形的垂直位移。修改过程中波形会上下移动,同时屏幕中下方弹出的位移信息会相应变化。按下该按钮可将垂直位移恢复为 0。

　　垂直电压挡位 :修改当前通道的垂直挡位。顺时针转动减小挡位,逆时针转动增大挡位。修改过程中波形幅度会增大或减小,同时屏幕右方的挡位信息会相应变化。按下该按钮可快速切换垂直挡位调节方式为"粗调"或"细调"。

　　Math :按下该键打开波形运算菜单。可进行加、减、乘、除、FFT、积分、微分、二次方根等运算。

　　Ref :按下该键打开波形参考功能。可将实测波形与参考波形相比较,以判断电路故障。

　　Digital :数字通道功能按键。按下该按键打开数字通道功能。

　　3.触发控制

　　数字示波器的触发控制区各按键和旋钮的介绍如下:

　　Setup :按下该键打开触发功能菜单。示波器提供边沿、斜率、脉宽、视频、窗口、间隔、超时、欠幅、码型和串行总线等丰富的触发类型。

　　Auto :按下该键切换触发模式为 AUTO(自动)模式。

　　Normal :按下该键切换触发模式为 Normal(正常)模式。

　　Single :按下该键切换触发模式为 Single(单次)模式。

　　触发电平 Level :设置触发电平。顺时针转动旋钮增大触发电平,逆时针转动减小触发电平。修改过程中,触发电平线上下移动,同时屏幕右上方的触发电平值相应变化。按下该按钮可快速将触发电平恢复至对应通道波形中心位置。

　　4.运动控制

　　数字示波器的运动控制的各按键介绍如下:

　　Auto Setup :按下该键开启波形自动显示功能。示波器将根据输入信号自动调整垂直挡位、水平时基及触发方式,使波形以最佳方式显示。

　　Run Stop :按下该键可将示波器的运行状态设置为"运行"或"停止"。在"运行"状态下,该键黄灯被点亮;在"停止"状态下,该键红灯被点亮。

　　5.多功能旋钮

　　当操作菜单时,按下某个菜单软件后,若多功能旋钮上方指示灯被点亮,此时转动该旋钮可选择该菜单下的子菜单,按下该旋钮可选中当前选择的子菜单,指示灯也会熄灭。另外,该旋钮还可用于修改 MATH、REF 波形挡位和位移、参数值、输入文件名等。当操作菜单时,若某个菜单软键上有旋转图标,按下该菜单软键后,旋钮上方的指示灯被点亮,此时旋转旋钮,可以直接设置该菜单软键显示值;若按下旋钮,可调出虚拟键盘,通过虚拟键盘直接设定所需的菜单软键值。

6. 常用功能

数字示波器的常用功能区的放大图如图 2-2-2 所示。

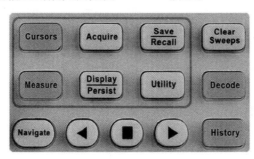

图 2-2-2　常用功能区放大图

Cursors：按下该键直接开启光标功能。示波器提供手动和追踪两种光标模式,另外还有垂直和水平两个方向的两种光标测量类型。

Measure：按下该键快速进入测量系统,可设置测量参数、统计功能、全部测量、Gate 测量等。测量可选择并同时显示最多任意四种测量参数,统计功能则统计当前显示的所有选择参数的当前值、平均值、最小值、最大值、标准差和统计次数。

Acquire：按下该键进入采样设置菜单。可设置示波器的获取方式(普通/峰值检测/平均值/增强分辨率)、内插方式、分段采集和存储深度(7 k/70 k/700 k/7 M /14 k/140 k/1.4 M/14 M)。

Clear Sweeps：按下该键进入快速清除余辉或测量统计,然后重新采集或计数。

Display Persist：按下该键快速开启余辉功能。可设置波形显示类型、色温、余辉、清除显示、网格类型、波形亮度、网格亮度、透明度等。选择波形亮度/网格亮度/透明度后,通过多功能旋钮调节相应亮度。透明度指屏幕弹出信息框的透明程度。

Save Recall：按下该键进入文件存储/调用界面。可存储/调出的文件类型包括设置文件、二进制数据、参考波形文件、图像文件、CSV 文件、Matlab 文件和 default 键预设。

Utility：按下该键进入系统辅助功能设置菜单。设置系统相关功能和参数,例如接口、声音、语言等。此外,还支持一些高级功能,例如 Pass/Fail 测试、自校正和升级固件等。

History：按下该键快速进入历史波形菜单。历史波形模式最大可录制 80 000 帧的波形。

Decode：解码功能按键。按下该键打开解码功能菜单。支持 I2C、SPI、UART、CAN 和 LIN 串行总线解码。

Navigate：按下该按键进入导航菜单后,可支持事件、时间、历史帧导航。

2.3 数字交流毫伏级电压表

数字交流毫伏级电压表能对常用实验电路中的交流输入波形,可直接计算出其有效值,也可作为功率计和电平表使用。能同时显示测量值及运算值,具有体积小、重量轻、稳定可靠性高、测量速度快、频率响应误差小等优良性能。这里以实验室中 SM2050 型双通道数字交流毫伏级电压表的常用的功能进行主要介绍,其他型号的数字交流毫伏级电压表与其使用方法类似,只是面板上的操作键的位置和操作流程略有差异而已。

2.3.1 前面板介绍

SM2050 型双通道数字交流毫伏级电压表的前面板布局图如图 2-3-1 所示。前面板有 20 个按键,各按键说明见表 2-3-1。

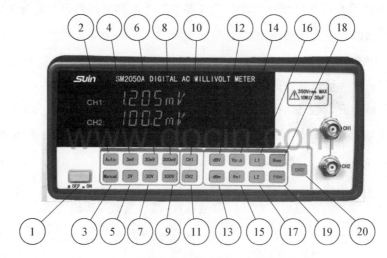

图 2-3-1 数字交流毫伏级电压表前面板布局图

表 2-3-1 数字交流毫伏级电压表前面板各部分说明表

编 号	说 明	编 号	说 明
1	电源开关	13	dBm 键
2	Auto 键	14	Vp-p 键
3	Manual 键	15	Rel 键
4~9	3 mV~300 V 量程键	16	L1 键
10	CH1 通道选择键	17	L2 键
11	CH2 通道选择键	18	Rem 键
12	dBV 键	19	Filter 键
20	GND 键		

（1）电源开关。"ON/OFF"键，开机时显示厂标和型号后，进入初始状态。

（2）Auto 键。切换到自动选择量程，在自动位置，当输入信号大于当前量程的 6.7％，自动加大量程；输入信号小于当前量程的约 9％，自动减小量程。

（3）Manual 键。切换到手动选择量程，使用手动量程，当输入信号大于当前量程的 6.7％，显示 OVLD，应加大量程；当输入信号小于当前量程的约 10％，必须减小量程。

（4）3 mV～300 V 量程键。手动量程时切换并表示量程，这六个键互锁。

（5）CH1、CH2 通道选择键。选择输入通道，两键互锁。按下 CH1 键选择 CH1 通道，按下 CH2 键选择 CH2 通道。

（6）dBV 键。电压电平键，将测得的电压值用电压电平表示，0 dBV＝1 V。

（7）dBm 键。功率电平键，将测得的电压值用功率电平表示，0 dBm＝1 mW。

（8）Vp‐p 键。峰‐峰值键，将测得的电压值用峰‐峰值表示。

（9）Rel 键。归零键，记录"当前值"，然后显示值变为测得值减去"当前值"。显示有效值、峰峰值时按归零键有效，再按一次退出。

（10）L1、L2 键。显示屏分为上下两行，用 L1、L2 键选择其中一行，可对被选中的行进行输入通道、量程、显示单位的设置，两键互锁。

（11）Rem 键。进行程控，退出程控。

2.3.2　使用操作说明

1. 开机

按下面板上的电源按钮，电源接通，精确测量需预热 30 min。

2. 选择输入通道、量程和显示单位

按下 L1 键，选择显示器的第一行，设置第一行有关参数：

（1）用 CH1、CH2 键选择向该行送显的输入通道。

（2）用 Auto、Manual 键选择量程转换方法。当使用手动（Manual）量程时，用 3 mV～300 V 键手动选择量程，并指示出选择的结果；当使用自动（Auto）量程时，自动选择量程。

（3）用 dBV、dBm 、Vp‐p 键选择显示单位，默认的单位是有效值。

按下 L2 键，选择显示器的第二行，按照和按下 L1 键相同的设置方法设置第二行有关参数。

3. 输入被测信号

数字交流毫伏级电压表有两个输入端，可以从 CH1 或 CH2 输入被测信号，也可由 CH1 和 CH2 同时输入两个被测信号。

4. 读取测量结果

从显示屏上读取测量的结果，并进行记录。

注意，关机后再开机，间隔时间应大于 10 s。

2.4　电工电子综合实验台

电工电子综合实验台由多个实验挂箱构成,包含电工技术和电子技术的实验中用到的很多元器件、电子仪表和电源等。该实验台实现了强弱电分离,全方位保护人身安全。交流电源由交流接触器通过起动、停止按钮进行控制。实验台装有电压型漏电保护装置,强电输出若有漏电现象,即告警并切断总电源,确保实验进程的安全。各种电源及仪表均有一定的保护功能,实验台中设有过流保护装置,当交流电源输出有短路或负载电流过大时,会自动切断交流电源,以保护实验台。

2.4.1　交流电源挂箱

交流电源挂箱如图 2-4-1 所示。三相四线制输出,U、V、W 交流电压输出具有过流、漏电保护,电压可调范围为 0~450 V。在使用时,在实验台的左侧面的三相自耦调压器的手柄调至零位,即逆时针旋转到底。交流电源开关为红、绿按钮。

当按下起动按钮(绿色),绿色按钮灯亮,同时可听到交流接触器的瞬间吸合声,挂箱面板上与 U、V 和 W 相对应的黄、绿、红三个 LED 指示灯亮,实验台起动完毕。一块电压表(0~450 V)指示出输入三相电源线电压之值,并可以用旋钮选择显示的哪部分电压。当按顺时针方向缓缓旋转三相自耦调压器的旋转手柄时,这个电压表将随之偏转,即指示出旋钮所选的可调电压输出端 U、V、W 的某个线电压之值,直至调节到某实验内容所需的电压值。实验完毕,按下停止按钮(红色),需将旋柄调回零位。此实验挂箱上有一个功率为 30 W 的日光灯管的接口,供照明和实验使用。

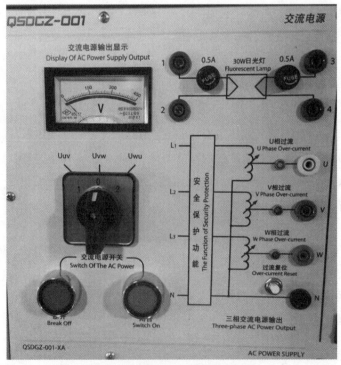

图 2-4-1　交流电源挂箱布局图

2.4.2　低压直流电源挂箱

低压直流电源挂箱如图 2-4-2 所示。恒压源有两路输出，用开关选择电压表显示输出
Ⅰ 的电压值或输出 Ⅱ 的电压值。

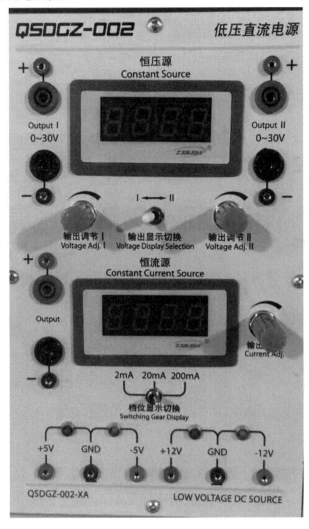

图 2-4-2　低压直流电源挂箱布局图

1.恒压源调节

调节"输出调节 Ⅰ"和"输出调节 Ⅱ"多圈电位器旋钮可平滑地分别调节两路输出电压值。
调节范围为 0～30 V(切换波段开关)，额定电流为 1 A。两路恒压源可单独使用，也可组合构
成 0～±30 V 或 0～±60 V 电源。两路输出均设有软截止保护功能，但应尽量避免输出短路。

2.恒流源调节

将负载接至恒流源输出的两端，数字式毫安表指示输出电流之值。调节"输出可调"多圈
电位器旋钮，可在三个量程段(满度为 2 mA、20 mA 和 200 mA)连续调节输出的恒流电流值。
本恒流源虽有开路保护功能，但不应长期处于输出开路状态。

2.4.3　智能化仪表挂箱

智能化仪表挂箱如图 2-4-3 所示。包含交、直流电压表,交、直流电流表各一块;两个仪表开关,两块智能化功率表。直流电压表有五个量程可供选择(满度为 200 mV、2 V、20 V、200 V 和 750 V),直流电流表有四个量程可供选择(满度为 2mA、20 mA、200 mA 和 3 A)。

智能化功率表允许的输入电压、电流的最大值为 500 V 和 5 A。为保证测量准确,仪表内部分八个量程段,测量时能根据输入信号的大小自动切换量程。通过"W/λ"(功率/功率因数)选择开关设置,进行对应物理量的测量。使用方法如下:

(1)接线,电压输入端与被测对象并联,电流输入端与被测对象串联。

(2)开启电源后,显示器各位将依次显示"P",表明仪表已处于正常状态,亦即初始状态。

(3)按"W/λ"键用来选择测试量,测量结果显示在功率表屏幕上。

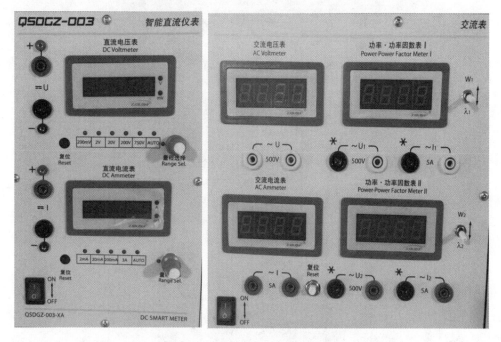

图 2-4-3　智能化仪表挂箱布局图

2.4.4　电子技术实验挂箱

电子技术实验挂箱布局图如图 2-4-4 和 2-4-5 所示。图 2-4-4 挂箱上有三极管放大电路、OTL 功率放大器、集成运算放大器、差动放大器、直流稳压电源电路(7812、LM317)、直流信号源、扬声器、5V 蜂鸣器和 12V 继电器等。图 2-4-5 挂箱上有六个数码管、IC 插座、各种分列元件、八个数据开关和逻辑开关等。电子技术实验箱用于完成各种模拟电子技术和数字电子技术的实验。

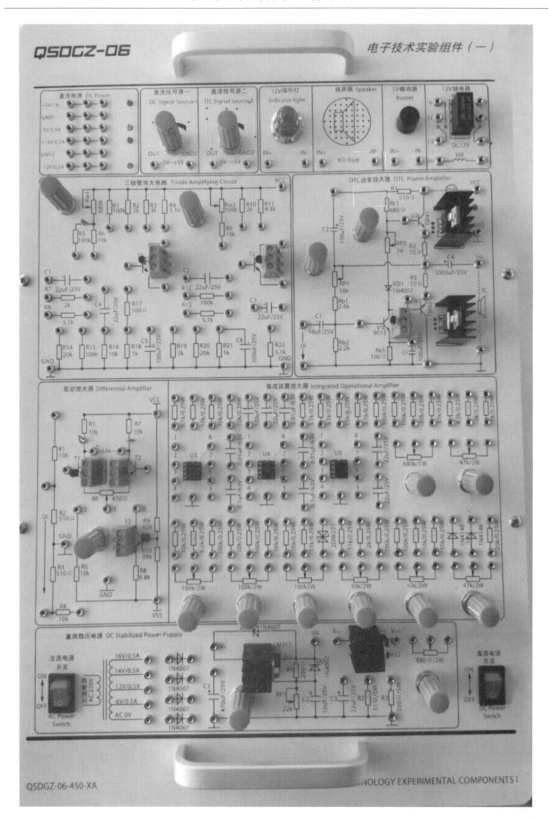

图 2 - 4 - 4　电子技术实验挂箱布局图(一)

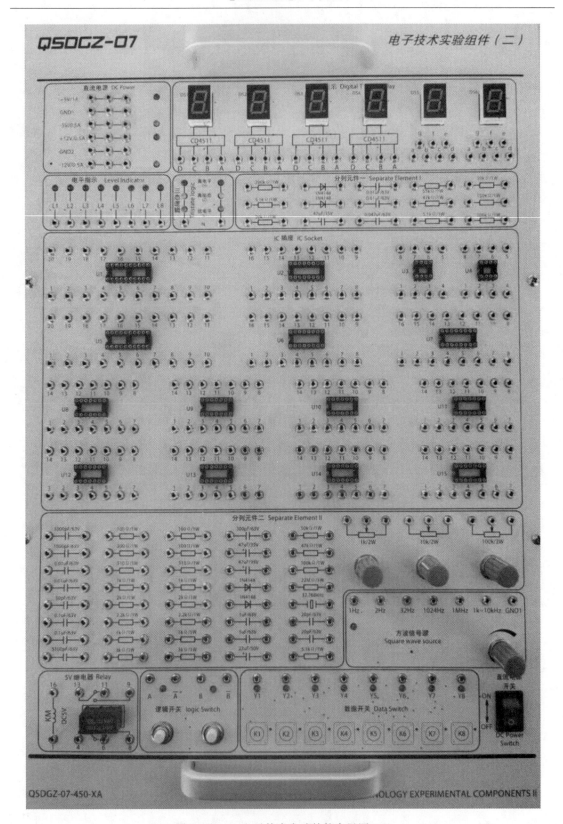

图 2-4-5 电子技术实验挂箱布局图(二)

2.4.5　三相交流电路实验挂箱

三相交流电路实验挂箱布局图如图 2-4-6 所示。挂箱上有三组负载,每组有三个各自独立的白炽灯,当电压超过 245 V 时会自动切断电源并报警,避免烧坏灯泡,三组负载之间可连接成 Y 形或△形两种形式。每个灯组均设有三个开关,控制三个并联支路的通断,共可装60 W 以下的白炽灯 9 只。各灯组所在的电路设有测量电流的插孔,挂箱上还配有测量电流的独立导线,每个灯组均设有过压保护线路。挂箱上的日光灯实验组件包括 30 W 镇流器、启辉器、补偿电容(4.7 μF/450 V、2.2 μF/250 V、1 μF/250 V、0.47 μF/250 V、0.22 μF/250 V)。挂箱上的变压器(220 V/0.4 A、110 V/0.8 A)用在测量变压器的伏安特性和空载电压的实验中。

图 2-4-6　三相交流电路实验挂箱布局图

2.4.6 继电接触器控制挂箱

继电接触器控制挂箱布局图如图 2-4-7 所示,包含电动机控制的继电器和接触器等,有三个交流接触器、四个按钮开关、一个时间继电器和一个热继电器等。

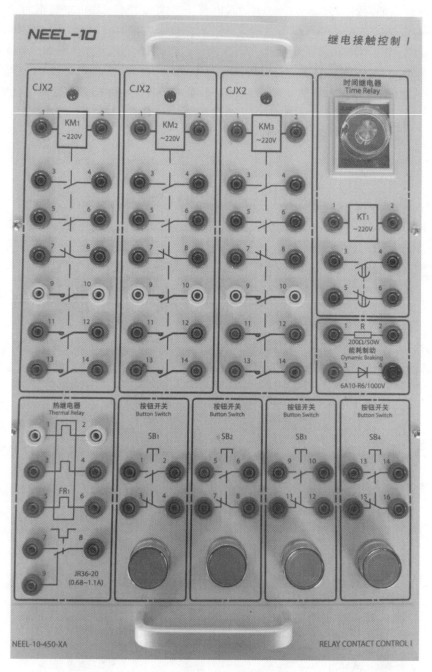

图 2-4-7 继电接触器控制挂箱布局图

2.4.7　其他实验挂箱

元件挂箱如图 2-4-8 所示,这里含有若干电阻、电容、电感、二极管和稳压管等常用基本元器件。负阻抗变换器和受控源的挂箱如图 2-4-9 所示,含有两种类型的受控源,即电压控制电流源(VCCS)和电流控制电压源(CCVS),挂箱上还有回转器电路和一些导线转接接口。叠加原理挂箱布局图如图 2-4-10 所示,可以在这个挂箱上进行叠加定理实验操作,挂箱上还有导线转换接口。

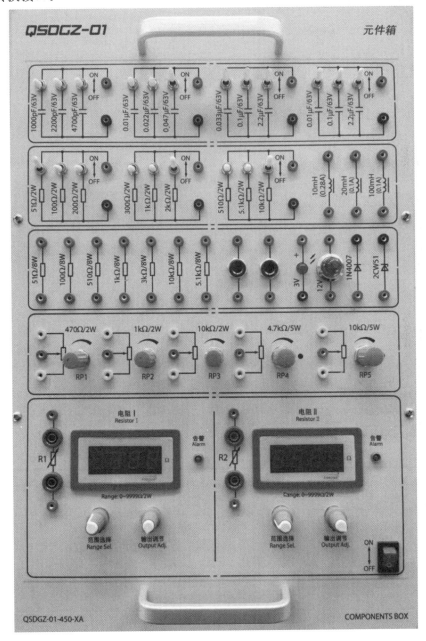

图 2-4-8　元件挂箱布局图

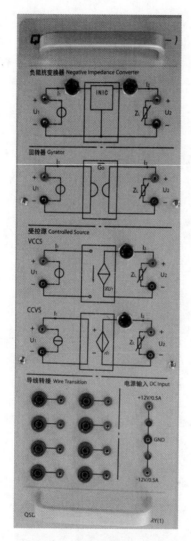

图 2-4-9　负阻抗变换器和
受控源挂箱布局图

图 2-4-10　叠加原理挂箱布局图

第 3 章　电工技术实验

3.1　常用实验仪器的使用

3.1.1　实验目的

(1)学习数字示波器和信号发生器的使用。
(2)学习数字交流毫伏级电压表的使用。
(3)学习数字示波器测量电信号参数的方法。

3.1.2　实验仪器与设备

(1)电工电子综合实验台。
(2)信号发生器。
(3)数字示波器。
(4)数字交流毫伏级电压表。

3.1.3　实验原理

在电工技术实验和电子技术实验中,需要对各种实验仪器进行综合使用。经常使用的电子仪器有数字示波器、信号发生器和数字交流毫伏级电压表等。它们和数字万用电表一起,可以实现对电工电子电路的静态和动态工作情况的测试。

当在实验中使用实验仪器时,按照电路中信号的流向,以连线简洁,调节和读数方便为原则进行合理布局,各种实验仪器与被测实验装置之间的布局和连接图如图 3-1-1 所示。

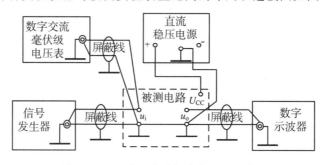

图 3-1-1　常用实验仪表布局和连接图

为防止外界信号的干扰,各种实验仪器和被测电路的公共接地端(一般指仪器上的黑色夹子)应连接在一起,即共地。其中,信号发生器和数字交流毫伏级电压表的引线通常用屏蔽线;数字示波器接线使用屏蔽线或专用电缆线;直流稳压电源的接线使用普通导线。下面重点说明数字示波器、信号发生器和数字交流毫伏级电压表的功能和使用方法。

1. 数字示波器

数字示波器是现代测量中一种常用的观察和测量电信号的电子仪器,它能够把电信号的变化规律转换成可直接观察其波形的电子仪器,并根据信号的波形对电信号的多种参数进行测量,如信号的电压幅度、周期、频率、相位差和脉冲宽度等。在使用中,数字示波器面板上各旋钮和按键的功能见 2.2 节。

2. 信号发生器

信号发生器是提供典型的激励波形的信号源,在生产实践和科技领域中有着广泛的应用。它能够产生多种波形,如三角波、锯齿波、矩形波(含方波)和正弦波,而且波形的幅度和频率在一定范围内可以任意调整,又被称为函数信号发生器。信号发生器作为信号源,它的输出端不允许短路。常用的矩形波信号的周期、幅度定义如图 3-1-2 所示。其中,U 为矩形波的幅度,T 为矩形波的周期,t_p 为矩形波的脉冲宽度,占空比 D 为

$$D = \frac{t_p}{T} \qquad\qquad (3-1-1)$$

正弦波信号的周期、幅度定义如图 3-1-3 所示,其中,U_{pp} 为正弦波的峰-峰值,T 为正弦波的周期。在使用中,信号发生器面板上各旋钮和按键的功能见 2.1 节。

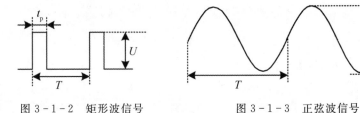

图 3-1-2　矩形波信号　　　　　　　　图 3-1-3　正弦波信号

3. 数字交流毫伏级电压表

数字交流毫伏级电压表能够对实验电路中的交流输入波形,直接计算出其有效值,并用数码显示。它具有体积小、使用方便等特点。在实验中,当数字交流毫伏级电压表在其工作频率范围之内,测量正弦交流电压的有效值时,为了防止过载而损坏,在测量前一般先把量程开关都置于量程较大位置上,然后在测量过程中逐挡减小量程。数字交流毫伏级电压表面板上各旋钮和按键的功能介绍见 2.3 节。

3.1.4　实验内容

1. 信号发生器和数字示波器的使用

(1)产生并观测占空比为 50% 矩形波。

先使用信号发生器产生占空比为 50% 矩形波,然后使用数字示波器观测它的波形,得到矩形波的相关参数。

首先,接通信号发生器电源开关,选择产生矩形波信号,波形的相关参数设置如下:频率为

1 000 Hz,幅度为 3 V,占空比为 50%。这里,设置频率、幅度和占空比的具体操作步骤如下:

1)选择产生矩形波,按 Waveforms 键,接着按"Pulse"下面的 SoftKey。通道信息区出现"Pulse"字样,屏幕上的波形显示矩形波波形。

2)设置频率,按下信号发生器面板上"Frequency"(频率)下面的 SoftKey,通过按数字键设置频率值,如按下"1 000",选择频率单位"Hz"。

3)设置幅度,按下信号发生器面板上"Amplitude"(幅度)下面的 SoftKey,通过按数字键设置幅度值,如按下"3",选择幅度单位"V"。

4)设置占空比,按下信号发生器面板上"Duty Cycle"(占空比)下面的 SoftKey,当前矩形波信号的占空比会被选中和点亮。通过按数字键设置占空比,如按下"50%"。

然后,接通数字示波器电源开关,经预热后将数字示波器输出线和地线的两个端子(红、黑表笔)短接,会在示波器荧光屏上显示一条水平扫描线。接着,将信号发生器的输出端子接至数字示波器的 CH1 通道,按下数字示波器面板上的按钮"Auto",调整旋钮"Horizontal"(GDS-806 型数字示波器上旋钮为"TIME/DIV")和"Vertical"(GDS-806 型数字示波器上旋钮为"VOLTS/DIV"),使产生的矩形波形在数字示波器荧光屏上显示 5 个周期的波形。观测所得的矩形波波形,将其绘制在专用坐标纸上,并按表 3-1-1 的要求记录相关数据。

表 3-1-1　占空比 50%的矩形波观测数据

矩形波参数	频率/Hz	幅度/V	占空比/(%)	
数字示波器观测数据	旋钮"Vertical"的挡位指示值	波形幅度(格数)	旋钮"Horizontal"的挡位指示值	波形周期(格数)
				脉冲宽度(格数)

(2)产生并观测占空比为 20%矩形波。

先使用信号发生器产生占空比为 20%矩形波,然后使用数字示波器观测它的波形,得到矩形波的相关参数。

首先,接通信号发生器电源开关,选择产生矩形波信号,波形的相关参数设置如下:频率为 2 000 Hz,幅度为 2 V,占空比为 20%。这里,设置频率、幅度和占空比的具体操作步骤如下:

1)选择产生矩形波,按 Waveforms 键,接着按"Pulse"下面的 SoftKey。通道信息区出现 Pulse 字样,屏幕上的波形显示矩形波波形。

2)设置频率,按下信号发生器面板上"Frequency"(频率)下面的 SoftKey,通过按数字键设置频率值,如按下"2 000",选择频率单位"Hz"。

3)设置幅度,按下信号发生器面板上"Amplitude"(幅度)下面的 SoftKey,通过按数字键设置幅度值,如按下"2",选择幅度单位"V"。

4)设置占空比,按下信号发生器面板上"Duty Cycle"(占空比)下面的 SoftKey,当前矩形波信号的占空比会被选中和点亮。通过按数字键设置占空比,如按下"20%"。

然后,将信号发生器的输出端子接至数字示波器的 CH1 通道,按下数字示波器面板上的按钮"Auto",调整旋钮"Horizontal"(GDS-806型数字示波器上旋钮为"TIME/DIV")和"Vertical"(GDS-806型数字示波器上旋钮为"VOLTS/DIV"),使产生的矩形波波形在数字示波器荧光屏上显示1个周期的波形。观测所得的矩形波波形,将其绘制在专用坐标纸上,并按表3-1-2的要求记录相关数据。

表3-1-2 占空比20%的矩形波观测数据

矩形波参数	频率/Hz	幅度/V	占空比/(%)	
数字示波器观测数据	旋钮"Vertical"的挡位指示值	波形幅度(格数)	旋钮"Horizontal"的挡位指示值	波形周期(格数)
				脉冲宽度(格数)

2.信号发生器、数字示波器和数字交流毫伏级电压表的使用

(1)产生并观测正弦波。

先使用信号发生器产生正弦波,使用数字交流毫伏级电压表测量电压有效值,然后使用数字示波器观测它的波形,得到正弦波的相关参数。

首先,接通信号发生器电源开关,选择产生正弦波信号,波形的相关参数设置如下:频率为200 Hz,有效值为2 V。这里,设置频率和幅度的具体操作步骤如下:

1)选择产生正弦波,按Waveforms键,接着按"Sine"下面的SoftKey。通道信息区出现Sine字样,屏幕上的波形显示正弦波形。

2)设置频率,按下信号发生器面板上"Frequency"(频率)下面的SoftKey,通过按数字键设置频率值,如按下"200",选择频率单位"Hz"。

3)设置幅度,按下信号发生器面板上"Amplitude"(幅度)下面的SoftKey,通过按数字键设置幅度值,如按下"2",选择有数值单位"Vrms"。

然后,用数字交流毫伏级电压表测量信号发生器的输出端子的输出电压有效值,填入表3-1-3中,并将信号发生器的输出端子接至数字示波器的CH1通道。接着,按下数字示波器面板上的按钮"Auto",调整旋钮"Horizontal"(GDS-806型数字示波器上旋钮为"TIME/DIV")和"Vertical"(GDS-806型数字示波器上旋钮为"VOLTS/DIV"),使产生的正弦波波形在数字示波器荧光屏上显示2个周期的波形。观测所得的正弦波波形,将其绘制在专用坐标纸上,并按表3-1-3的要求记录相关数据。

表3-1-3 正弦波观测数据表格

正弦波参数	频率/Hz		有效值测量值/V	
数字示波器观测数据	旋钮"Vertical"的挡位指示值	波形峰-峰值(格数)	旋钮"Horizontal"的挡位指示值	波形周期(格数)

（2）观测移相电路的输出波形。

阻容移相电路如图 $3-1-4$ 所示，这里，$C=0.01\ \mu F$，$R=10\ k\Omega$。若数字示波器上两个波形如图 $3-1-5$ 所示，它们的相位差 θ 计算为

$$\theta=\frac{X}{X_T}\times 360^\circ \qquad (3-1-2)$$

式中，X_T 是一个周期正弦波所占的格数；X 是两正弦波形在 x 轴方向上的相位差的格数。

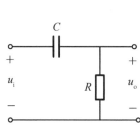

图 $3-1-4$　移相电路　　　　图 $3-1-5$　数字示波器上显示两相位不同的正弦波

先使用信号发生器产生正弦波作为移相电路的输入 u_i，再使用数字毫伏级电压表测量电压 u_i 的有效值。然后，使用数字示波器观测它的波形，得到相关参数。

首先，接通信号发生器电源开关，选择产生正弦波信号，波形的相关参数设置如下：频率为 1 000 Hz，有效值为 1 V。这里，设置频率和有效值具体操作步骤如下：

1）选择产生正弦波，按 Waveforms 键，接着按"Sine"下面的 SoftKey。通道信息区出现 Sine 字样，屏幕上的波形显示正弦波形。

2）设置频率，按下信号发生器面板上"Frequency"（频率）下面的 SoftKey，通过按数字键设置频率值，如按下"1 000"，选择频率单位"Hz"。

3）设置幅度，按下信号发生器面板上"Amplitude"（幅度）下面的 SoftKey，通过按数字键设置幅度值，如按下"1"，选择有效值单位"Vrms"。

然后，用数字交流毫伏级电压表测量信号发生器的输出端子的输出电压有效值，填入表 $3-1-4$ 中，并将信号发生器的输出端子，即移相电路中的输入波形 u_i 接至数字示波器的 CH1 通道。接着，按下数字示波器面板上的按钮"Auto"，调整旋钮"Horizontal"（GDS－806 型数字示波器上旋钮为"TIME/DIV"）和"Vertical"（GDS－806 型数字示波器上旋钮为"VOLTS/DIV"），使产生的正弦波波形在数字示波器荧光屏上显示 1 个周期的波形。最后，将正弦波送入移相电路，用数字示波器的 CH2 通道观测移相电路的输出波形 u_o。注意数字示波器上两个波形的相位关系，将其波形绘制到专用坐标纸上，并按表 $3-1-4$ 的要求记录和计算相关数据。

表 3-1-4　移相电路输出波形观测数据

输入 u_i 参数	频率/Hz		有效值测量值/V	
数字示波器观测数据	CH1 通道旋钮 "Vertical" 的挡位指示值	CH1 通道 波形峰-峰值（格数）	旋钮 "Horizontal" 的挡位指示值	波形周期的格数 X_T
	CH2 通道旋钮 "Vertical" CH1 通道 的挡位指示值	CH2 通道 波形峰-峰值（格数）	相位差 θ 的 格数 X	相位差 θ 角度值（度）

3.1.5　实验中的注意事项

(1)当信号发生器与数字示波器相连接时,要使两根连接线的红色夹子连在一起,黑色夹子连在一起。

(2)熟悉数字示波器和信号发生器的使用方法之后再动手操作,当转动各旋钮和扳动各开关和按键时动作要轻,不要用力过猛。

(3)在操作过程中,不要频繁开、关数字示波器和信号发生器的电源。

(4)信号发生器的输出端不允许短接。

(5)当多台实验仪器同时使用时,应注意各实验仪器的"地"要连接到一起。

3.1.6　思考题

测量一个频率为 4 000 Hz,$U_{pp}=2$ V 的正弦波信号,使数字示波器荧光屏上显示 2 个周期的波形,且波形应尽可能大,但不能超过荧光屏的有效范围。请问数字示波器面板上的旋钮 "Vertical" 和 "Horaizontal" 的挡位应各是多少?请用专用坐标纸画出数字示波器上显示的波形。

3.1.7　实验报告要求

(1)按照规范实验报告的要求撰写各部分内容。

(2)填写好实验中的测量数据,并完成相应参数的计算。

(3)在专用坐标纸上画出实验中数字示波器上的相应波形,要求清晰、整洁。

(4)回答思考题。

(5)写出实验结论。

(6)写出实验中遇到的问题及解决办法。

(7)写出实验的收获和体会。

3.2 伏安特性的测定

3.2.1 实验目的

(1)掌握对线性电阻、二极管、白炽灯的伏安特性的测试方法。加深对线性电阻元件、非线性电阻元件的伏安特性的理解。

(2)掌握实际电压源使用调节方法。

(3)学习常用实验仪表和设备的使用方法。

3.2.2 实验仪器与设备

(1)电工电子综合实验台。

(2)数字万用表。

3.2.3 实验原理

1.线性电阻元件的伏安特性

在电路中,元件的特性一般用该元件上的电压 U 与通过该元件的电流 I 之间的函数关系 $U = f(I)$ 来表示,这种函数关系称为该元件的伏安特性,有时也称为外部特性。通常这些伏安特性以 U 和 I 分别作为纵坐标和横坐标绘制成曲线,即伏安特性曲线或外特性曲线。电路元件的伏安特性可以用电压表、电流表测定,称为伏安测量法(伏安表法)。由于仪表的内阻会影响到测量的结果,因此,在实验时必须注意仪表的合理接法。

如果电路元件的伏安特性曲线在 U-I 平面上是一条通过坐标原点的直线,如图 3-2-1 所示,则该元件称作线性元件。该元件两端的电压 U 与通过该元件的电流 I 之间服从欧姆定律:

$$U = RI \qquad\qquad (3-2-1)$$

遵循欧姆定律的电阻称为线性电阻,它是一个表示该段电路特性而与电压和电流无关的常数。

2.非线性元件的伏安特性

如果电路元件的伏安特性不是线性函数关系,则称该元件为非线性元件。非线性元件的伏安特性曲线是可以通过坐标原点或不通过坐标原点的曲线。

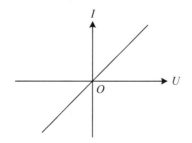

图 3-2-1 线性电阻的伏安特性

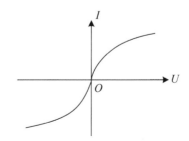

图 3-2-2 白炽灯的伏安特性曲线

（1）白炽灯的伏安特性。

白炽灯为一种非线性元件。白炽灯在工作时灯丝处于高温状态，其灯丝电阻会随着温度的改变而改变，并且具有一定的惯性，其伏安特性为一条如图 3-2-2 所示的曲线。由图 3-2-2 可知，电流越大，温度越高，对应的电阻也越大，一般灯泡的冷电阻与热电阻可相差几倍至几十倍。

（2）二极管的伏安特性。

半导体二极管元件也是非线性元件，其伏安特性曲线如图 3-2-3 所示。二极管具有单向导电性，当外加正向电压很低时，正向电流很小，几乎为零。当正向电压超过一定数值后，电流增长很快，这个正向电压称为死区电压或开启电压，其大小与半导体二极管材料及环境温度有关。通常，硅管的死区电压约为 0.5 V，锗管约为 0.1 V。导通时的正向压降，硅管为 0.6～0.8 V，锗管为 0.2～0.3 V。在二极管上加反向电压时，会形成很小的反向电流。反向电流有两个特点：一是它随温度的上升增长很快；二是在反向电压不超过某一范围时，反向电流的大小基本恒定，而与反向电压的高低无关，故通常称它为反向饱和电流。而当外加反向电压过高时，反向电流将突然增大，二极管失去单向导电性，这种现象称为击穿。二极管被击穿后，一般不能恢复原来的性能，便失效了。

稳压二极管外加正向电压时特性类似普通二极管，外加反向电压时伏安特性则较特别，如图 3-2-4 所示，在反向电压开始增加时，其反向电流几乎为零，但当电压增加到某一数值时（一般称为稳定电压 U_Z，对于 2CW14 型稳压管，U_Z 的允许值在 6～7.5 V），电流突然增加，以后它的端电压维持恒定，即不再随外加电压升高而增加，这种特性在电子设备中有着广泛的应用。

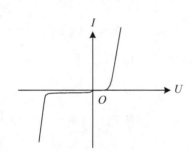 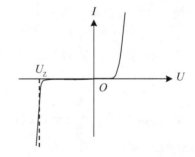

图 3-2-3　二极管的伏安特性曲线　　　　图 3-2-4　稳压二极管的伏安特性曲线

3. 电压源的伏安特性

任何一个电压源，都含有电动势 E 和内阻 R_0。在分析与计算电路时，往往会把它们分开，组成的电路模型如图 3-2-5 所示，此即实际电压源模型，简称实际电压源。图中，U 是电源端电压，R_L 是负载电阻，I 是负载电流。根据图 3-2-5 所示电路，可得出

$$U = E - R_0 I \qquad\qquad (3-2-2)$$

由此可做出电压源的外特性曲线，如图 3-2-6 所示。

当 $R_0 = 0$ 时，电压 U 恒等于电动势 E，为一定值，而其中的电流 I 则是任意值，由负载电阻 R_L 及电压 U 本身确定。这样的电源称为理想电压源或恒压源，其符号及电路模型如图 3-2-7 所示，它的外特性曲线是与横轴平行的一条直线，如图 3-2-8 所示。

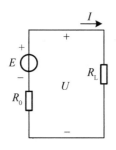

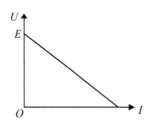

图 3-2-5　实际电压源电路　　　　　图 3-2-6　实际电压源的伏安特性曲线

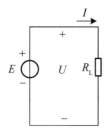

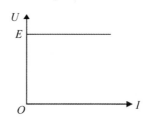

图 3-2-7 理想电压源电路模型　　　　图 3-2-8　理想电压源的伏安特性曲线

3.2.4　实验内容

1.测试线性电阻的伏安特性

线性电阻 R 的伏安特性曲线测试电路如图 3-2-9 所示。将可调直流电压源的正极输出接 100 Ω 电阻(限流电阻),然后接到电流表的正极,电流表的负极接入负载电阻 $R(R=510\ \Omega)$,将 R 的另一端接到可调直流电压源的负极。将电压表并联接到电阻 R 两端。依据表 3-2-1 中的值调节可调直流电压源电压,并按表 3-2-1 的要求记录相关数据。

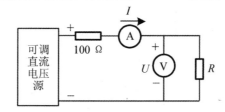

图 3-2-9　测试线性电阻 R 的伏安特性电路图

表 3-2-1　**线性电阻的伏安特性测试数据表**

电源电压	0 V	2 V	4 V	6 V	8 V	10 V
U/V						
I/mA						

2.测试白炽灯的伏安特性

测试白炽灯的伏安特性线路如图 3-2-10 所示。将图 3-2-9 中的电阻换成白炽灯,重复图 3-2-9 测试步骤即可测得白炽灯两端的电压及相应的电流数值,并按表 3-2-2 的要求记录相关数据。

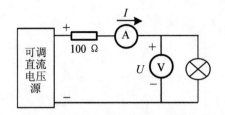

图 3-2-10　测试白炽灯的伏安特性电路图

表 3-2-2　白炽灯泡的伏安特性测试数据表

电源电压	0 V	2 V	4 V	6 V	8 V	10 V
U/V						
I/mA						

3.测试二极管的正向伏安特性

测试二极管的正向伏安特性线路如图 3-2-11 所示,其中 100 Ω 为限流电阻,其作用是使流过二极管的正向电流不能过高,否则会烧毁二极管。将图 3-2-9 中的电阻换成二极管,注意二极管阳极应连接在电流表输出端,阴极连接到可调直流电压源负极,调节可调直流电压源电压见表 3-2-3,并按要求记录相关数据。由于在二极管上加反向电压时,反向电流很小;当反向电压过高时,电流急剧增大,称之为反向击穿,二极管失去单向导电性,故本实验不进行二极管的反向伏安特性测量。

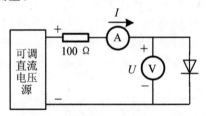

图 3-2-11　测试二极管的伏安特性电路图

表 3-2-3　一般硅二极管正向伏安特性的测试数据表

电源电压	0 V	0.1 V	0.3 V	0.5 V	0.7 V	1 V	2 V	3 V
U/V								
I/mA								

4.测试稳压二极管的反向伏安特性

测试稳压二极管的反向伏安特性线路如图 3-2-12 所示。把前文的一般二极管换成稳压二极管,注意稳压二极管阴极接电流表的输出端,阳极接可调直流电压源负极。调节可调直流电压源电压见表 3-2-4,并按要求记录相关数据。

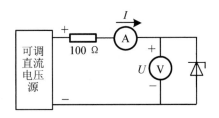

图 3-2-12 测试稳压二极管的反向伏安特性的电路图

表 3-2-4 稳压二极管反向伏安特性的测试数据表

电源电压	0 V	1 V	2 V	3 V	4 V	5 V	6 V	7 V
U/V								
I/mA								

5.测量电压源的伏安特性

(1)测试理想电压源的伏安特性。

理想电压源伏安特性测试电路如图 3-2-13 所示。本实验采用直流电压源作为被测电压源,由于其内阻很小,和外电路电阻相比较,内阻可以忽略不计,其输出电压基本维持不变。因此,可以把直流电压源视为理想电压源。图 3-2-13 中 R_1 为限流电阻,选用表 3-2-5 中的电阻 R 作为电源外负载进行理想电压源的伏安特性测量。开启直流电压源,在电阻 R 开路时调节直流电压源输出电压 $U_s=10$ V。按表 3-2-5 所示改变电阻 R 的值,并按要求记录相关数据。

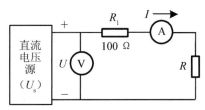

图 3-2-13 测试理想电压源的伏安特性电路图

表 3-2-5 理想电压源的伏安特性测试数据表

R/Ω	∞	1000	510	470	330	200
I/mA						
U/V						

(2)测量实际电压源的伏安特性。

实际电压源伏安特性测试电路如图 3-2-14 所示。选取 100 Ω 电阻作为直流电压源的内阻,与直流电压源相串联组成一个实际电压源模型。选用表 3-2-6 中的电阻 R 作为电源外负载进行实际电压源的伏安特性测量。

按图 3-2-14 接好线路后,开启直流电压源,在电阻 R 开路时调节直流电压源输出电压 $U_s=10$ V。按表 3-2-6 所示改变电阻 R 的值,并按要求记录相关数据。

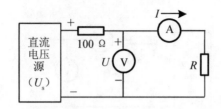

图 3-2-14 测试实际电压源的伏安特性电路图

表 3-2-6 实际电压源的伏安特性测试数据表

R/Ω	∞	1 000	510	470	330	200
I/mA						
U/V						

3.2.5 实验中的注意事项

(1)在实验时,电流表应串接在电路中,必须使电流从电流表的正极流入,负极流出;电压表应并接在被测元件上,电压表的正极与被测元件的正极相连,电压表的负极与被测元件的负极相连。

(2)在实验时,应先估算电压和电流值,合理选择量程,切勿超过电表量程。

(3)可调直流电压源的输出应由小到大逐渐增大,实验过程中,可调直流电压源不能短路。

(4)记录实验所用仪表的量程,以备分析测量误差。

(5)在测量时应注意各元器件的额定功率,注意加在元器件上的功率不要超过元器件的额定功率值,以免烧毁元器件。

3.2.6 思考题

(1)在用电压表和电流表测量元件的伏安特性时,电压表可接在电流表之前或之后,两者对测量误差有何影响? 在实际测量时应根据什么原则选择?

(2)如果误用电流表去测量电压,将会产生什么后果?

3.2.7 实验报告要求

(1)按照规范实验报告的要求撰写各部分内容。

(2)填写好实验中的测量数据,并完成相应参数的计算。

(3)在专用坐标纸上画出实验中各个元件的相应伏安特性曲线,要求清晰、整洁。注意线性电阻、白炽灯的伏安特性曲线应该在一、三象限都存在,是对称的,而在实验中,仅仅测量了第一象限的伏安特性曲线,第三象限部分可以对称第一象限画出。

(4)回答思考题。

(5)写出实验结论。

(6)写出实验中遇到的问题及解决办法。

(7)写出实验的收获和体会。

3.3 叠加定理和戴维南定理的验证

3.3.1 实验目的

(1)验证叠加定理、戴维南定理。
(2)掌握几种测量二端网络内阻及开路电压的方法。

3.3.2 实验仪器与设备

(1)电工电子综合实验台。
(2)数字万用表。

3.3.3 实验原理

1.叠加定理

对于线性电路,任何一条支路中的电流(或电压),都可以看成是由电路中各个电源(电压源或电流源)分别作用时,在此支路中所产生的电流(或电压)的代数和,这就是叠加定理。例如在图 3-3-1(a)所示电路中有两个电源,各支路中的电流是可以由这两个电源共同作用产生的。

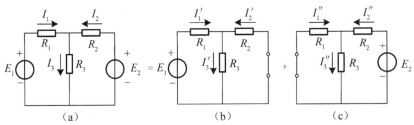

图 3-3-1 叠加定理示意图

所谓电源单独作用,就是保留本电源,假设将其余电源均除去(将各个理想电压源短路,即其电动势为零;将各个理想电流源开路,即其电流为零),但是它们的内阻(如果给出的话)仍应计算。

从数学上看,叠加定理就是线性方程的可加性。但功率的计算就不能用叠加定理。如以图 3-3-1(a)中电阻 R_3 上的功率为例,显然有

$$P_3 = I_3^2 R_3 = (I_3' + I_3'')^2 R_3 \neq (I_3')^2 R_3 + (I_3'')^2 R_3 \qquad (3-3-1)$$

2.戴维南定理

(1)戴维南定理。

任何一个有源二端线性网络都可以用一个电动势为 E 的理想电压源和内阻 R_0 串联的电源来等效代替,如图 3-3-2 所示。等效电源的电动势 E 就是有源二端网络的开路电压 U_{oc},即将负载断开后 a、b 两端之间的电压。等效电源的内阻 R_0 等于有源二端网络中所有电源除去(将各个理想电压源短路,即其电动势为零;将各个理想电流源开路,即其电流为零)后所得到的无源网络 a、b 两端之间的等效电阻,这就是戴维南定理。

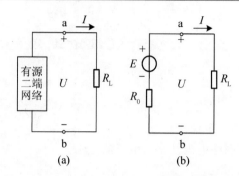

图 3-3-2　戴维南定理等效电路

（2）有源二端网络等效参数测量方法。

1）端口开路电压 U_{oc} 测量方法：当有源二端网络输出端开路时，用电压表测输出端的开路电压 U_{oc}。

2）求（或测量）等效内阻 R_0。从理论上讲，可以有四种方法，分别如下：

方法一：将电路中所有独立源"去掉"（即理想电压源去掉后短路，理想电流源去掉后开路），然后用数字万用表的欧姆挡，直接测出端口的等效电阻值，即为戴维南电路的等效内阻 R_0。

方法二：将电路中所有独立源"去掉"（即理想电压源去掉后短路，理想电流源去掉后开路），对除源后的无源二端网络可采用外加已知电源法求出 R_0 的值，原理图如图 3-3-3 所示。

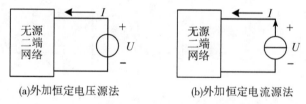

(a)外加恒定电压源法　　　　　(b)外加恒定电流源法

图 3-3-3　外加已知电源法求内阻 R_0 原理图

把有源二端网络中所有独立电源置零，然后在端口上外加给定电压 U 并测量出电流 I，如图 3-3-3(a)所示，则有

$$R_0 = \frac{U}{I} \tag{3-3-2}$$

把有源二端网络中所有独立电源置零，然后在端口上外加给定电流 I 并测量出电压 U，如图 3-3-3(b)所示，则有

$$R_0 = \frac{U}{I} \tag{3-3-3}$$

然而，实际的电压源和电流源都具有一定的内阻，它并不能与电源截然分开，这将影响测量精度。因此，这种方法只适用于电压源内阻较小和电流源内阻较大的情况。

方法三：开路电压短路电流法求内阻 R_0，原理图如图 3-3-4 所示。

在有源二端网络输出端开路时，用电压表直接测其输出端的开路电压 U_{oc}，然后再将其输出端短路，用电流表测其短路电流 I_{sc}，则等效内阻 R_0 为

$$R_0 = \frac{U_{oc}}{I_{sc}} \qquad\qquad (3-3-4)$$

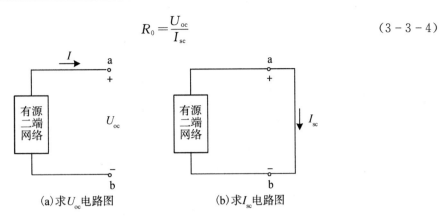

(a)求U_{oc}电路图　　　　　　(b)求I_{sc}电路图

图 3 - 3 - 4　开路电压短路电流法求内阻 R_0 原理图

方法四：两次电压测量法，测量电路原理图如图 3 - 3 - 5 所示。

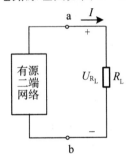

图 3 - 3 - 5　两次电压测量法求内阻 R_0 原理图

先测出开路电压 U_{oc} 后，再将 R_L 接入端口之间，测出 R_L 上的端电压 U_{R_L}，则有

$$R_0 = \left(\frac{U_{oc}}{U_{R_L}} - 1\right) R_L \qquad\qquad (3-3-5)$$

3.3.4　实验内容

1. 叠加定理的验证

叠加定理实验线路图如图 3 - 3 - 6 所示，电压源 U_1 为 10 V 电压源，电压源 U_2 为 5 V 电压源。当两电压源同时作用时，测出 A、D 之间的电流 I_3 和电压 U_{AD}，并按表 3 - 3 - 1 的要求记录相关数据。

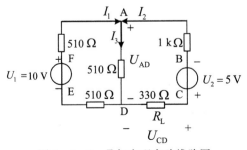

图 3 - 3 - 6　叠加定理实验线路图

然后,让 $U_1 = 10$ V 电压源单独作用,电路如图 3-3-7 所示,令 $U_2 = 0$ V,即将电压源 U_2 拿掉,将 B 与 C 之间用一根导线连接,测出 A、D 之间的电流 I'_3 和电压 U'_{AD},并按表 3-3-1 的要求记录相关数据。

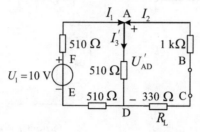

图 3-3-7 叠加定理(U_1 单独作用)实验电路图

再让 $U_2 = 5$ V 电压源单独作用,令 $U_1 = 0$ V,即将电压源 U_1 拿掉,将 E 与 F 之间用一根导线连接,电路如图 3-3-8 所示。测出 A、D 之间的电流 I''_3 和电压 U''_{AD},并按表 3-3-1 的要求记录相关数据。

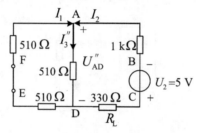

图 3-3-8 叠加定理(U_2 单独作用)实验线路图

表 3-3-1 叠加定理实验数据表

	I'_3/mA	I''_3/mA	I_3/mA	U'_{AD}/V	U''_{AD}/V	U_{AD}/V
计算值						
测量值						

利用表 3-3-1 中,各个电压源单独作用时的分电流 I'_3、I''_3,分电压 U'_{AD}、U''_{AD},以及两个电压源共同作用时的总电流 I_3 和总电压 U_{AD},计算两个电压源分别单独作用时产生的功率 P'、P'' 和两个电压源共同作用时产生的功率 P,并按表 3-3-2 的要求记录相关数据。通过表 3-3-2 中的各功率值来证明功率不能用叠加定理计算,即总功率 P 不等于两个电压源分别单独作用时产生的功率 P'、P'' 的和。

表 3-3-2 叠加定理中功率数据表

	P'/W	P''/W	P/W
计算值			

2. 戴维南定理的验证

(1)戴维南定理实验电路图如图 3-3-6 所示,测量 R_L 两端的电压值 U_{CD} 填入表 3-3-4

中第一列。将 C、D 间电阻 R_L 去掉后,其余电路为有源二端网络电路如图 3-3-9 所示。测量 C、D 之间的开路电压 $U_{oc}=U_{CD}$,即为戴维南等效电路中的独立电压源的电动势,将 U_{oc} 值填入表 3-3-3 中。

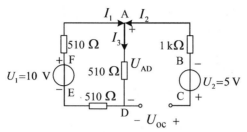

图 3-3-9　戴维南定理实验电路图(测开路电压 U_{oc})

(2)戴维南定理实验电路图(测短路电流 I_{CDS})如图 3-3-10 所示,测量 C、D 之间的短路电流 I_{CDS},将其值填入表 3-3-3 中。

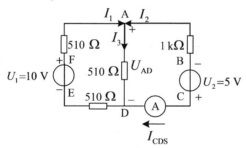

图 3-3-10　戴维南定理实验电路图(测短路电流 I_{CDS})

用开路电压、短路电流法计算戴维南等效内阻 R_0,并按表 3-3-3 的要求记录相关数据。

$$R_0=\frac{U_{oc}}{I_{CDS}} \tag{3-3-6}$$

表 3-3-3　**戴维南定理实验数据表**

	开路电压 U_{oc}/V	短路电流 I_{CDS}/mA	等效内阻 R_0/Ω
计算值			
测量值			

(3)戴维南定理等效电路如图 3-3-11 所示。将测得的 U_{oc}(由可调电压源提供)和 R_0(由可变电阻器提供)按图 3-3-11 所示连接成戴维南等效电路,测量 R_L 两端的电压值 U_{CD},将其值填入表 3-3-4 中第二列,从而验证戴维南定理。

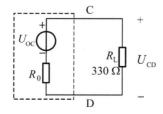

图 3-3-11　戴维南等效电路图

表 3-3-4　验证戴维南定理实验数据表

	原电路图	戴维南等效电路
	U_{CD}/V	U_{CD}/V
测量值		

3.3.5　实验中的注意事项

(1)注意数字万用表的极性、量程,读数要标明正负号。

(2)在改接线路时要关掉电源。

(3)可调电压源的输出应由小到大逐渐增大,输出端切勿碰线短路;可调电压源不能开路,以免损坏电源设备。

3.3.6　思考题

(1)在验证叠加定理时,如果电源内阻不能忽略,实验该如何进行?

(2)叠加定理及戴维南定理的适用条件是什么?

3.3.7　实验报告要求

(1)按照规范实验报告的要求撰写各部分内容。

(2)填写好实验中的测量数据,并完成相应参数的计算。

(3)回答思考题。

(4)写出实验结论。

(5)写出实验中遇到的问题及解决办法。

(6)写出实验的收获和体会。

3.4　一阶 RC 电路暂态过程的研究

3.4.1　实验目的

(1)掌握一阶 RC 电路响应的特点和规律。

(2)熟悉数字示波器的使用。

3.4.2　实验仪器与设备

(1)电工电子综合实验台。

(2)信号发生器。

(3)数字示波器。

(4)数字交流毫伏级电压表。

(5)数字万用表。

3.4.3　实验原理

含有电感、电容等储能元件的电路,其响应过程可由微分方程描述,当微分方程为一阶时,即称为一阶线性电路;当储能元件仅为电容时,称为一阶 RC 电路。一阶 RC 电路的响应可分为零状态响应、零输入响应和全响应。全响应是零状态响应和零输入响应的叠加。

1. 零状态响应

电容元件在零状态下由外加激励引起的响应,称为零状态响应,一阶 RC 零状态响应电路和电容电压曲线如图 3 - 4 - 1 所示。其电容电压为

$$u_C(t) = U_S(1 - e^{-t/\tau}) \quad (3-4-1)$$

式中,$u_C(t)$ 为电容电压;U_S 为电源电压;$u_C(t)$ 为一条随时间增长的指数曲线。其中 τ 为电路的时间常数:

$$\tau = RC \quad (3-4-2)$$

时间常数 τ 反映了电容充电的快慢程度,它等于电容电压从 0 增长到稳态值的 63.2% 所需要的时间。

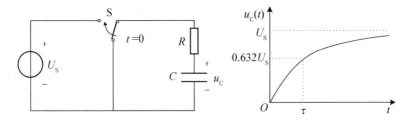

图 3 - 4 - 1　RC 零状态响应电路及电容电压响应曲线

2. 零输入响应

电容元件在无信号激励时,由初始状态引起的响应称为零输入响应,一阶 RC 零输入响应电路和电容电压波形如图 3 - 4 - 2 所示。在放电过程中电容是一条随时间衰减的指数曲线。其中时间常数 τ 等于电容电压从初始值衰减到 36.8% 所需要的时间。

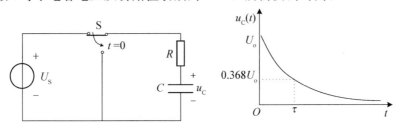

图 3 - 4 - 2　RC 零输入响应电路及电容电压响应曲线

3. 微分电路和积分电路

当输入信号为矩形波脉冲电压时,一阶 RC 电路的响应就是电容充、放电过程。若矩形波脉冲电压脉冲宽度 t_p 大于电路的时间常数 τ,如 $t_p = (3\sim5)\tau$,则电容电压的波形为一般的充、放电曲线如图 3 - 4 - 3 所示。

(1)微分电路。若矩形波脉冲电压的半个周期远远大于电路的时间常数,即 $t_p > 10\tau$,则电阻电压的波形近似为输入波形的微分如图 3 - 4 - 4 所示。

(2)积分电路

若矩形波脉冲电压的半周期远远小于电路的时间常数,即 $\tau > 10t_p$,则电容电压的波形近

似为输入波形的积分如图 3-4-5 所示。

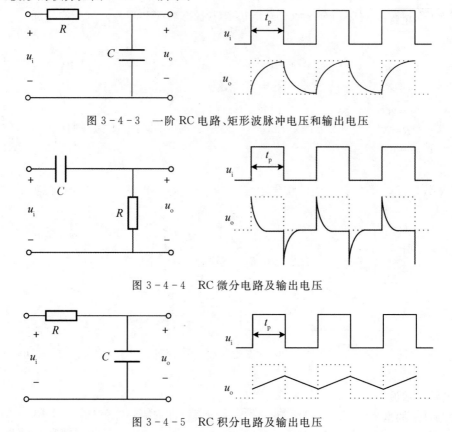

图 3-4-3　一阶 RC 电路、矩形波脉冲电压和输出电压

图 3-4-4　RC 微分电路及输出电压

图 3-4-5　RC 积分电路及输出电压

3.4.4　实验内容

1. 观测一阶 RC 电路的零输入响应和零状态响应

一阶 RC 电路如图 3-4-6 所示,包含输入电压 u_i、电阻 R 和电容元件 C。利用信号发生器产生幅度为 3 V,频率为 200 Hz 的方波信号作为输入电压 u_i,要求用数字示波器 CH1 通道显示 2 个周期的方波波形观察电路中电容电压 u_C 的波形。

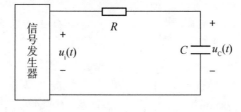

图 3-4-6　一阶 RC 电路图

实验中,电容 $C=0.1~\mu F$,电阻 R 分别为 3 kΩ 和 5.1 kΩ,用数字示波器 CH2 通道显示并观察电容电压 u_C 的波形。将观测到的波形绘制在专用坐标纸上,按表 3-4-1 的要求记录相关数据。

表 3-4-1　**一阶 RC 电路实验数据表**

电路参数	数字示波器的旋钮挡位	指示值
$U=3$ V $f=200$ Hz $R=3$ kΩ $C=0.1$ μF	CH1 通道 "Horizontal"（"TIME/DIV"）	
	CH1 通道 "Vertical"（"VOLTS/DIV"）	
	CH2 通道 "Horizontal"（"TIME/DIV"）	
	CH2 通道 "Vertical"（"VOLTS/DIV"）	
$U=3$ V $f=200$ Hz $R=5.1$ kΩ $C=0.1$ μF	CH2 通道 "Horizontal"（"TIME/DIV"）	
	CH2 通道 "Vertical"（"VOLTS/DIV"）	

2. 测量一阶 RC 电路的时间常数

实验电路如图 3-4-6 所示。信号发生器输出幅度为 3 V，频率为 200 Hz 的方波信号 $u_i(t)$，用数字示波器 CH1 通道显示 1 个周期的波形。然后，取电阻 $R=5.1$ kΩ，电容 $C=0.1$ μF，用数字示波器 CH2 通道测量 $u_C(t)$ 的波形，将测得的波形绘制在专用坐标纸上，在绘制的图上标出 τ 的准确位置，按表 3-4-2 的要求记录相关数据。

表 3-4-2　**一阶 RC 电路的时间常数实验数据**

电路参数	数字示波器的旋钮挡位	指示值
$U=3$ V $f=200$ Hz $R=5.1$ kΩ $C=0.1$ μF	CH1 通道 "Horizontal"（"TIME/DIV"）	
	CH1 通道 "Vertical"（"VOLTS/DIV"）	
	CH2 通道 "Horizontal"（"TIME/DIV"）	
	CH2 通道 "Vertical"（"VOLTS/DIV"）	
时间常数 τ/s	测量值　　　　　　　　计算值	

3. 积分电路

实验电路如图 3-4-6 所示。信号发生器输出幅度为 3 V，频率为 1 000 Hz 的方波信号 $u_i(t)$，用数字示波器 CH1 通道显示 5 个周期的波形。取电阻 $R=10$ kΩ，电容 $C=0.1$ μF，用数字示波器 CH2 通道测量 $u_C(t)$ 的波形，将测得的波形绘制在专用坐标纸上，按表 3-4-3 的要求记录相关数据。

表 3-4-3 RC 积分电路实验数据表

电路参数	数字示波器的旋钮挡位		指示值
$U=3\ \text{V}$ $f=1\ 000\ \text{Hz}$ $R=10\ \text{k}\Omega$ $C=0.1\ \mu\text{F}$	CH1 通道 "Horizontal"("TIME/DIV")		
	CH1 通道 "Vertical"("VOLTS/DIV")		
	CH2 通道 "Horizontal"("TIME/DIV")		
	CH2 通道 "Vertical"("VOLTS/DIV")		

4. 微分电路

实验电路图如图 3-4-7 所示。信号发生器输出幅度为 3 V，频率为 1 000 Hz 的方波信号 $u_i(t)$，用数字示波器 CH1 通道显示 5 个周期的波形。取电阻 $R=1\ \text{k}\Omega$，电容 $C=0.1\ \mu\text{F}$，用数字示波器 CH2 通道测量 $u_R(t)$ 的波形，将测得的波形绘制在专用坐标纸上，按表 3-4-4 的要求记录相关数据。

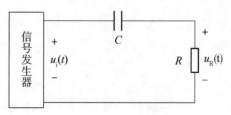

图 3-4-7 微分电路图

表 3-4-4 RC 微分电路实验数据表

电路参数	数字示波器的旋钮挡位		指示值
$U=3\ \text{V}$ $f=1\ 000\ \text{Hz}$ $R=1\ \text{k}\Omega$ $C=0.1\ \mu\text{F}$	CH1 通道 "Horizontal"("TIME/DIV")		
	CH1 通道 "Vertical"("VOLTS/DIV")		
	CH2 通道 "Horizontal"("TIME/DIV")		
	CH2 通道 "Vertical"("VOLTS/DIV")		

3.4.5 实验中的注意事项

(1)在了解数字示波器和信号发生器的使用方法之后再动手操作，旋转各开关和按键时动作要轻，不要用力过猛。

（2）在操作过程中,数字示波器和信号发生器不要频繁开关仪器电源。

（3）信号发生器的输出端不允许短接。

（4）多台电子仪器同时使用时,应注意各仪器的"地"要连接到一起。

3.4.6　思考题

（1）RC 电路的时间常数对于暂态过程有什么影响?

（2）根据实验观测结果和坐标纸上绘出的一阶 RC 电路充放电时 u_C 的变化曲线,由曲线测得 τ 值,并与参数值的计算结果作比较,分析误差原因。

3.4.7　实验报告要求

（1）按照规范实验报告的要求撰写各部分内容。

（2）填写好实验中的测量数据,并完成相应参数的计算。

（3）在专用坐标纸上画出实验中数字示波器上的相应波形,要求清晰、整洁。

（4）回答思考题。

（5）写出实验结论。

（6）写出实验中遇到的问题及解决办法。

（7）写出实验的收获和体会。

3.5　二阶电路暂态过程的研究

3.5.1　实验目的

（1）研究二阶 RLC 电路的零输入响应、零状态响应的规律和特点,了解电路参数对响应的影响。

（2）学习二阶电路衰减系数、振荡频率的测量方法,了解电路参数对它们的影响。

（3）观察、分析二阶电路响应的三种变化曲线及其特点,加深对二阶电路响应的认识与理解。

3.5.2　实验仪器与设备

（1）电工电子综合实验台。

（2）信号发生器。

（3）数字示波器。

（4）数字交流毫伏级电压级电压表。

（5）数字万用表。

3.5.3　实验原理

当对二阶电路进行换路时,一般会经历一个暂态过程,称为二阶 RLC 电路,并对其零状态响应和零输入响应进行分析。

1. 零状态响应

在图 3-5-1 所示的二阶 RLC 电路中，$u_C(0)=0$，在 $t=0$ 时开关 S 闭合，电压方程为

$$LC\frac{\mathrm{d}^2 u_C}{\mathrm{d}t} + RC\frac{\mathrm{d}u_C}{\mathrm{d}t} + u_C = U \qquad (3-5-1)$$

式(3-5-1)是一个二阶常系数非齐次微分方程，该电路称二阶电路，电源电压 U 为激励信号，电容两端电压 u_C 为响应信号。根据微分方程理论，u_C 包含两个分量：暂态分量 u_C'' 和稳态分量 u_C'，即 $u_C = u_C'' + u_C'$，其具体解与电路参数 R、L、C 有关。

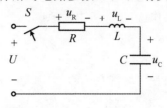

图 3-5-1　二阶 RLC 电路

(1) 当满足 $R < 2\sqrt{L/C}$ 时：

$$u_C = u_C'' + u_C' = A\mathrm{e}^{-\delta t}\sin(\omega t + \varphi) + U \qquad (3-5-2)$$

其中，衰减系数 $\delta = R/2L$，衰减时间常数 $\tau = 1/\delta = 2L/R$，振荡频率为

$$\omega = \sqrt{\frac{1}{LC} - \left(\frac{R}{2L}\right)^2} \qquad (3-5-3)$$

其中，振荡时间 $T = 1/f = 2\pi/\omega$，变化曲线如图 3-5-2(a) 所示，u_C 的变化处在衰减振荡状态，由于电阻 R 比较小，此状态又称为欠阻尼状态。

(2) 当满足 $R > 2\sqrt{L/C}$ 时，u_C 的变化处在过阻尼状态，由于电阻 R 比较大，电路中的能量被电阻很快消耗掉，u_C 无法振荡，变化曲线如图 3-5-2(b) 所示。

(3) 当满足 $R = 2\sqrt{L/C}$ 时，u_C 的变化处在临界阻尼状态，变化曲线如图 3-5-2(c) 所示。

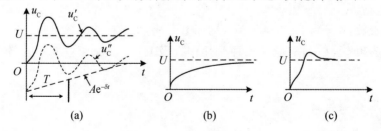

(a)　　　　　　　　　(b)　　　　　　　　　(c)

图 3-5-2　零状态响应曲线

2. 零输入响应

在如图 3-5-3 所示的电路中，开关 S 与"1"端闭合，电路处于稳定状态，$u_C(0) = U$，在 $t = 0$ 时开关 S 与"2"闭合，输入激励为零，电压方程为

$$LC\frac{\mathrm{d}^2 u_C}{\mathrm{d}t} + RC\frac{\mathrm{d}u_C}{\mathrm{d}t} + u_C = 0 \qquad (3-5-4)$$

式(3-5-4)是一个二阶常系数齐次微分方程，根据微分方程理论，u_C 只包含暂态分量 u_C''，稳态分量 u_C' 为零。和零状态响应一样，根据 R 与 $\sqrt{L/C}$ 的大小关系，u_C 的变化规律分为衰减振

荡(欠阻尼)、过阻尼和临界阻尼三种状态,它们的变化曲线与图 3 - 5 - 2 中的暂态分量 u''_C 类似,衰减系数、衰减时间常数、振荡频率与零状态响应完全一样。

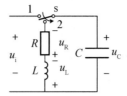

图 3 - 5 - 3　阶 RLC 并联电路

3.5.4　实验内容

二阶 RLC 暂态实验电路如图 3 - 5 - 4 所示。信号发生器输出幅度为 2 V,频率为 1 kHz 的方波信号 u_i,用数字示波器 CH1 通道显示 3 个周期的波形。取电阻 $R_1 = 10$ kΩ,电感 $L = 15$ mH。其中,R_2 为阻值 10 kΩ 的可调电位器。

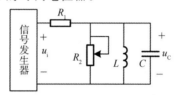

图 3 - 5 - 4　二阶 RLC 暂态电路

(1)观察二阶电路的零输入响应和零状态响应。调节电位器 R_2,观察二阶电路的零输入响应和零状态响应由过阻尼过渡到临界阻尼,最后过渡到欠阻尼的变化过渡过程,将测得的波形绘制在专用坐标纸上。

(2)测量电路的衰减常数 δ 和振荡频率 ω。调节 R_2 使得数字示波器荧光屏上呈现稳定的欠阻尼响应波形,定量测定此时电路的衰减常数 δ 和振荡频率 ω,并记入表 3 - 5 - 1 中。

(3)改变电路参数,观察衰减常数 δ 和振荡频率 ω 的变化趋势,并记录在表 3 - 5 - 1 中。

改变电路参数,按表 3 - 5 - 1 中的数据重复步骤(2)的测量,仔细观察改变电路参数时衰减常数 δ 和振荡频率 ω 的变化趋势,并将数据记入表中。

表 3 - 5 - 1　二阶电路暂态过程实验数据

实验次数	电路参数					
	元件参数				测量值	
	R_1/kΩ	R_2/kΩ	L/mH	C	δ	ω
1	10	调至欠阻尼	15	1 000 pF		
2	10		15	3 300 pF		
3	10		15	0.01 μF		
4	30		15	0.01 μF		

3.5.5　实验中的注意事项

(1)在了解数字示波器和信号发生器的使用方法之后再动手操作,在旋转各开关和按键时动作要轻,不要用力过猛。

(2)在操作过程中数字示波器和信号发生器不要频繁开关仪器电源。

(3)信号发生器的输出端不允许短接。

(4)多台电子仪器同时使用时,应注意各仪器的"地"要连接到一起。

(5)在数字示波器上同时观察激励信号和响应信号时,显示要稳定,如不同步时,可采用外同步法触发。

3.5.6 思考题

(1)什么是二阶电路的零状态响应和零输入响应? 它们的变化规律和哪些因素相关?

(2)根据二阶电路实验电路元件的参数,计算出处于临界阻尼状态的 R_2 值。

(3)在数字示波器荧光屏上,如何测得二阶电路零状态响应和零输入响应"欠阻尼"状态的衰减系数、衰减时间常数和振荡频率?

3.5.7 实验报告要求

(1)按照规范实验报告的要求撰写各部分内容。

(2)填写好实验中的测量欠阻尼振荡曲线上的衰减系数 δ,衰减时间常数 τ 和振荡频率 ω 的数据,并完成相应参数的计算。

(3)在专用坐标纸上画出实验中数字示波器上的二阶电路过阻尼、临界阻尼和欠阻尼的响应波形,要求清晰、整洁。

(4)回答思考题。

(5)写出实验结论。

(6)写出实验中遇到的问题及解决办法。

(7)写出实验的收获和体会。

3.6 RC 电路频率特性的研究

3.6.1 实验目的

(1)了解滤波电路的频率特性。

(2)掌握滤波电路频率特性的测量方法。

(3)学习测定 RLC 串联谐振电路的频率特性曲线。

(4)理解电路品质因数的物理意义和其测定方法。

(5)研究电路参数对频率特性影响。

3.6.2 实验仪器与设备

(1)电工电子综合实验台。

(2)信号发生器。

(3)数字示波器。

(4)数字交流毫伏级电压表。

3.6.3 实验原理

1. 滤波电路

从输入信号中提取有用信号而抑制其他无用信号或噪声的过程称为滤波。实现滤波的电路称为滤波电路。根据通带和阻带在频率特性曲线上所处的相对位置,滤波电路可分为低通、高通、带通和带阻等类型。

(1)一阶 RC 低通滤波电路。一阶 RC 低通滤波电路及该电路的幅频特性曲线如图 3-6-1 所示。

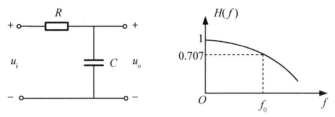

图 3-6-1 一阶 RC 低通滤波电路及幅频特性曲线

传递函数为

$$H(\mathrm{j}\omega) = \frac{\dot{U}_\mathrm{o}}{\dot{U}_\mathrm{i}} = \frac{\frac{1}{\mathrm{j}\omega C}}{R + \frac{1}{\mathrm{j}\omega C}} = \frac{1}{1 + \mathrm{j}\omega RC} \qquad (3-6-1)$$

截止频率为

$$\omega_0 = \frac{1}{RC} \qquad (3-6-2)$$

或者

$$f_0 = \frac{1}{2\pi RC} \qquad (3-6-3)$$

(2)一阶 RC 高通滤波电路。一阶 RC 高通滤波电路及该电路的幅频特性曲线如图 3-6-2 所示。

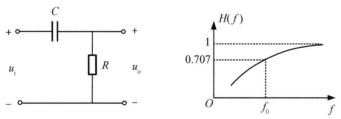

图 3-6-2 一阶 RC 高通滤波电路及幅频特性曲线

传递函数为

$$H(\mathrm{j}\omega) = \frac{\dot{U}_\mathrm{o}}{\dot{U}_\mathrm{i}} = \frac{R}{R + \frac{1}{\mathrm{j}\omega C}} = \frac{\mathrm{j}\omega RC}{1 + \mathrm{j}\omega RC} \qquad (3-6-4)$$

截止频率为

$$\omega_0 = \frac{1}{RC} \qquad\qquad (3-6-5)$$

或者

$$f_0 = \frac{1}{2\pi RC} \qquad\qquad (3-6-6)$$

2. 谐振电路

由 R, L, C 元件串联的谐振电路如图 3-6-3 所示。

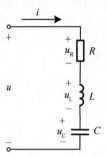

图 3-6-3 RLC 串联谐振电路

在正弦交流电压的作用下，其阻抗为

$$Z = R + \mathrm{j}\left(\omega L - \frac{1}{\omega C}\right) \qquad\qquad (3-6-7)$$

当 $\omega L = \dfrac{1}{\omega C}$ 时，电路阻抗为纯电阻，这一现象叫作谐振。谐振频率为

$$\omega_0 = \frac{1}{\sqrt{LC}} \qquad\qquad (3-6-8)$$

或

$$f_0 = \frac{1}{2\pi \sqrt{LC}} \qquad\qquad (3-6-9)$$

串联谐振电路具有以下特征：

(1)电路呈现电阻性，电压与电流同相位。

(2)电阻的阻抗最小，电流最大，即 I_0。谐振曲线如图 3-6-4 所示。

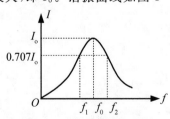

图 3-6-4 串联谐振曲线

下限截止频率 f_1，上限截止频率 f_2，通频带宽度为

$$\Delta f = f_2 - f_1 \qquad\qquad (3-6-10)$$

(3)电感元件与电容元件上的电压大小相等，均为外加电源电压有效值的 Q 倍，但相位相差 180°。

（4）品质因数 Q 为

$$Q = \frac{1}{R}\sqrt{\frac{L}{C}} \tag{3-6-11}$$

Q 值越大，曲线越尖锐，选择性越好，如图 3-6-5 所示。

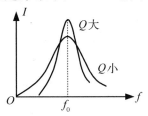

图 3-6-5　谐振电路 Q 值的比较

3.6.4　实验内容

1. 滤波电路的频率特性测试

（1）一阶 RC 低通滤波电路频率特性测试。

一阶 RC 低通滤波电路实验电路如图 3-6-6 所示，图中 $R=1$ kΩ，$C=0.1$ μF。用信号发生器产生有效值为 1 V 的正弦电压信号作为输入信号 u_i。保持 u_i 幅度不变，改变其频率 f，用数字交流毫伏级电压表测量输出电压 u_o，并按表 3-6-1 的要求记录相关数据。

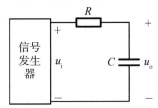

图 3-6-6　一阶 RC 低通滤波电路实验电路

表 3-6-1　低通滤波电路幅频特性实验数据记录表格

f/kHz	0.1	0.5	1.0	1.5	1.6	1.7	1.8	2.0
U_i/V	1							
U_o/V								
$\lvert H(j\omega)\rvert = U_o/U_i$								
f_0/kHz	理论计算值：				作图所得值：			

在专用坐标纸上绘出幅频特性曲线，并在所绘图中找出截止频率填入表 3-6-1 中，与理论计算值进行比较。

（2）一阶 RC 高通滤波电路频率特性测试。

一阶 RC 高通滤波电路实验电路如图 3-6-7 所示，图中 $R=2$ kΩ，$C=0.1$ μF。用信号发生器产生有效值为 1 V 的正弦电压信号作为输入信号 u_i。保持 u_i 幅度不变，改变其频率 f，用数字交流毫伏级电压表测量输出电压 u_o，并按表 3-6-2 的要求记录相关数据。

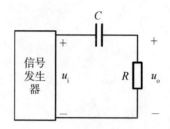

图 3-6-7 一阶 RC 高通滤波电路实验电路

表 3-6-2 高通滤波电路幅频特性实验数据记录表格

f/kHz	0.5	0.6	0.7	0.8	0.9	1.0	1.2	1.5
U_i/V				1				
U_o/V								
$\lvert H(\mathrm{j}\omega)\rvert =U_o/U_i$								
f_0/kHz	理论计算值：				作图得到值：			

在坐标纸上绘出幅频特性曲线，并在所绘图上中找出截止频率填入表 3-6-2 中，与理论计算值进行比较。

2.RLC 串联谐振电路的测试

(1)测量谐振频率和谐振电压。按图 3-6-8 连接实验电路。图中 $R=51\ \Omega$，$L=20\ \mathrm{mH}$，$C=0.1\ \mu\mathrm{F}$。

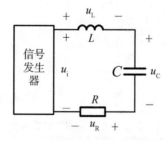

图 3-6-8 串联谐振实验电路

调节信号发生器输出有效值为 1 V 的正弦电压信号 u_i。保持信号发生器的输出 u_i 幅度不变，在谐振频率的理论值附近改变其频率，用数字交流毫伏级电压表监测电阻 R 两端的电压有效值 U，当数字交流毫伏级电压表的读数为最大时所对应的频率就是谐振频率 f_0，该电压即为谐振电压 U_M，将结果记录到表 3-6-3 中。

(2)测量谐振电路的品质因数。电路保持在谐振状态，测量电容和电感元件上的电压，按表 3-6-3 的要求记录相关数据。品质因数 Q 为

$$Q=\frac{U_C}{U_i}=\frac{U_L}{U_i} \tag{3-6-12}$$

(3)测量谐振电路的通频带宽度。调节正弦电压信号 u_i 的频率，在谐振频率两侧找出 $U=0.707U_M$ 所对应的两个频率 f_1 和 f_2，计算通频带宽度 Δf，并按表 3-6-3 的要求记录相关数据。

(4)按表 3-6-3 给出的 U 值测量相应的频率,完成谐振曲线的测量,在坐标纸上画出谐振曲线。

表 3-6-3　串联谐振电路幅频特性测量数据记录表(1)　　　($R=51\ \Omega$)

f/kHz	f_{1-2}	f_{1-1}	f_1	f_{1+1}	f_{0-1}	f_0	f_{0+1}	f_{2-1}	f_2	f_{2+1}	f_{2+2}
U/V	$0.3U_M$	$0.5U_M$	$0.7U_M$	$0.8U_M$	$0.9U_M$	U_M	$0.9U_M$	$0.8U_M$	$0.7U_M$	$0.5U_M$	$0.3U_M$
$I=\dfrac{U}{R}/\text{mA}$											
谐振时 U_C/V											
谐振时 U_L/V											
$\Delta f/\text{kHz}$											

(5)改变测量参数。在图 3-6-8 中,L、C 的值不变,改变电阻值,令 $R=100\ \Omega$,重复上述实验,并按表 3-6-4 的要求记录相关数据。

表 3-6-4　串联谐振电路幅频特性测量数据记录表(2)　　　($R=100\ \Omega$)

f/kHz	f_{1-2}	f_{1-1}	f_1	f_{1+1}	f_{0-1}	f_0	f_{0+1}	f_{2-1}	f_2	f_{2+1}	f_{2+2}
U/V	$0.3U_M$	$0.5U_M$	$0.7U_M$	$0.8U_M$	$0.9U_M$	U_M	$0.9U_M$	$0.8U_M$	$0.7U_M$	$0.5U_M$	$0.3U_M$
$I=\dfrac{U}{R}/\text{mA}$											
谐振时 U_C/V											
谐振时 U_L/V											
$\Delta f/\text{kHz}$											

3.6.5　实验中的注意事项

(1)信号发生器的输出端不允许短接。

(2)操作过程中,信号发生器和数字交流毫伏级电压表不要频繁开、关电源。

(3)操作过程中,输入信号 u_i 一旦确定,幅度要保持不变。

(4)多台电子设备同时使用时,应注意各仪器的"地"要连接在一起。

3.6.6　思考题

(1)谐振电路的谐振频率与输入信号的大小有关吗? 输入信号的大小会影响电路的品质因数吗?

(2)改变电路的哪些参数可以使电路发生谐振? 电路中电阻 R 的数值是否影响谐振频率值?

(3)根据表 3-6-3 和表 3-6-4 中的值,计算谐振电路的品质因数 Q。

3.6.7 实验报告要求

(1)按照规范实验报告的要求撰写各部分内容。

(2)填写好实验中的测量数据,并完成相应参数的计算。

(3)在专用坐标纸上画出实验中一阶 RC 低通滤波电路和一阶 RC 高通滤波电路的幅频特性曲线,要求清晰、整洁。

(4)回答思考题。

(5)写出实验结论。

(6)写出实验中遇到的问题及解决办法。

(7)写出实验的收获和体会。

3.7 单相正弦交流电路的研究

3.7.1 实验目的

(1)学习用数字交流毫伏级电压表、数字万用表和功率表测量交流电路元件的等效参数。

(2)熟悉日光灯的工作原理。

(3)了解提高功率因数在工程上的意义。

(4)掌握提高感性负载功率因数的方法。

3.7.2 实验仪器与设备

(1)电工电子综合实验台。

(2)数字交流毫伏级电压表。

(3)数字万用表。

3.7.3 实验原理

1.单相正弦交流电路参数的测量

在单相正弦交流电路中,元件的阻抗值或无源二端网络的等效阻抗值,可以用交流电压表、交流电流表和功率表分别测量出元件或网络两端的电压 U,流过的电流 I 和它所消耗的有功功率 P,再通过计算得出电路的等效电阻和等效电抗。

阻抗的模为

$$|Z| = \frac{U}{I} \qquad\qquad (3-7-1)$$

功率因数为

$$\cos\varphi = \frac{P}{UI} \qquad\qquad (3-7-2)$$

等效电阻为

$$R = \frac{P}{I^2} = |Z|\cos\varphi \qquad\qquad (3-7-3)$$

等效电抗为

$$X = |Z| \sin\varphi \tag{3-7-4}$$

这种测量方法简称三表法，它是测量交流阻抗的基本方法。

2. 日光灯电路及功率因数提高

在工程及日常生活中，负载有电阻负载，如白炽灯、电阻加热器等，也有电感性负载，如电动机、变压器、线圈等，在一般情况下，这两种负载会同时存在。由于电感性负载有较大的感抗，所以功率因数较低。供电系统由电源（发电机或变压器）通过输电线路向负载供电，若电源向负载传送的有功功率 P 和供电电压 U 一定时，功率因数 $\cos\varphi$ 越低，线路电流 I 就越大，从而增加了线路电压降和线路功率损耗，若线路总电阻为 R_1，则线路电压降为

$$\Delta U = IR_1 \tag{3-7-5}$$

线路功率损耗为

$$\Delta P = I^2 R_1 \tag{3-7-6}$$

负载的功率因数越低，表明无功功率就越大，电源就必须用较大的容量和负载电感进行能量交换，电源向负载提供有功功率的能力就必然下降，从而降低了电源容量的利用率。因而，从提高供电系统的经济效益和供电质量的角度出发，必须采取措施提高电感性负载的功率因数。工业生产中规定，当功率因数低于 0.85 时，必须改善和提高。通常提高感性负载功率因数的方法是在负载两端并联适当数量的电容器，设负载和电容的无功功率分别为 Q_L 和 Q_C，则并联电容后电路的总无功功率为

$$Q = Q_L - Q_C \tag{3-7-7}$$

由式（3-7-7）可得，并联电容后电路无功功率减小，由功率三角形可知，在传送的有功功率 P 不变时，功率因数提高，线路电流减小。当并联电容器的无功功率和电感的无功功率相等，即 $Q_C = Q_L$ 时，总无功功率 $Q = 0$，此时功率因数为 1，线路电流 I 最小。若继续并联电容，将导致功率因数下降，线路电流增大，这种现象称为过补偿。

日光灯结构图如图 3-7-1 所示，由日光灯管 A、镇流器 L（带铁芯电感线圈）和启辉器 S 组成。启辉器相当于一只自动开关，能自动接通电路（加热灯丝）和开断电路（使镇流器产生高压，将灯管击穿放电）。在接通电源后，启辉器内发生辉光放电，双金属片受热弯曲，触点接通，将灯丝预热，使它发射电子，启辉器接通后辉光放电停止，双金属片冷却，又将触点断开。这时镇流器感应出高电压并加在灯管两端，使灯管放电，并产生大量紫外线，灯管内壁的荧光粉吸收后辐射出可见光，日光灯开始正常工作。镇流器的作用除了感应高电压使灯管放电外，在日光灯正常工作时，起限制电流的作用，镇流器的名称也由此而来。

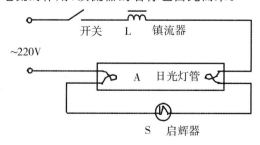

图 3-7-1　日光灯结构图

由于电路中串联着镇流器,它是一个电感量较大的线圈,在日光灯开启后,灯管相当于一个电阻 R,镇流器可等效为一小电阻 R_L 和电感 L 的串联支路,启辉器断开,所以整个电路可等效为一个 RL 串联电路,其电路模型如图 3-7-2 所示。

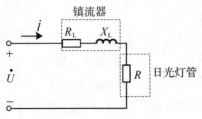

图 3-7-2 日光灯电路模型

日光灯电路的功率因数不高,约为 0.5,因此通常在日光灯两端并联一个电容器来提高功率因数,日光灯功率因数提高原理图如图 3-7-3 所示。

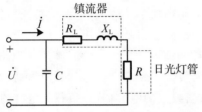

图 3-7-3 日光灯功率因数提高原理图

3.7.4 实验内容

1. 单相正弦交流电路参数的测量

单相正弦交流电路参数测量实验电路如图 3-7-4 所示,按图连接电路,检查无误后,调节自耦调压器输出,分别使 $U=220$ V 和 $U=180$ V,闭合开关,验证日光灯电路,分别测量电路的有功功率 P、电路电流 I_1、镇流器电压 U_1、灯管电压 U_2,测量数据填入表 3-7-1 中,根据测量的各个参数计算出日光灯电路的等效参数,填入表 3-7-1 中。

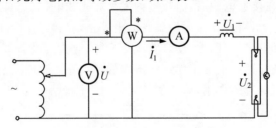

图 3-7-4 单相正弦交流电路参数测量实验电路

表 3-7-1 单相交流电路参数测量数据

U/V	测量值				计算值		
	P/W	I_1/mA	U_1/V	U_2/V	R_L/Ω	X_L/Ω	R/Ω
220							
180							

2.日光灯功率因数的提高

日光灯功率因数提高实验电路如图 3-7-5 所示,在日光灯的输入电压 $U=220$ V 不变的情况下,在日光灯两端分别接入 2 μF 和 4.7 μF 的电容,测量表 3-7-2 中所列各参数,并填写相关数据。

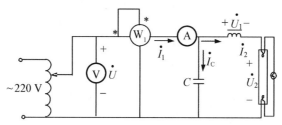

图 3-7-5　日光灯功率因数提高实验电路

表 3-7-2　功率因数提高后的参数值

电容 $C/\mu F$	测量值					计算值
	P/W	I_1/mA	I_2/mA	I_C/mA	$\cos\varphi$	$\cos\varphi$
2						
4.7						

3.7.5　实验中的注意事项

(1)在测电压、电流时,一定要注意表的挡位选择,测量类型、量程都要对应。

(2)功率表电流线圈的电流、电压线圈的电压都不可超过所选的额定值。

(3)自耦调压器输入、输出端不可接反。

(4)严禁身体触及金属片带电部分。

(5)实验线路需经教师检查后,方可通电。

(6)在拆除电路时,断电后,先用导线对电容器短路放电,而后再拆线以防触电。

3.7.6　思考题

(1)为什么测电容时功率表无指示?

(2)并联电容后,功率表的读数有无变化,日光灯的明暗程度有无变化,为什么?

3.7.7　实验报告要求

(1)按照规范实验报告的要求撰写各部分内容。

(2)填写好实验中的测量数据,并完成相应参数的计算。

(3)回答思考题。

(4)写出实验结论。

(5)写出实验中遇到的问题及解决办法。

(6)写出实验的收获和体会。

3.8 三相正弦交流电路的研究

3.8.1 实验目的

(1)掌握电阻性三相负载的星形和三角形联结方法。

(2)验证对称三相电路中线电压与相电压,线电流与相电流之间的大小关系。

(3)了解三相不对称负载星形和三角形联结时,各相电压和线电压、相电流和线电流的变化情况。

(4)了解三相四线制供电系统中中线的作用。

(5)掌握三相电路功率的测量方法。

3.8.2 实验仪器与设备

(1)电工电子综合实验台。

(2)数字交流毫伏级电压表。

(3)数字万用表。

3.8.3 实验原理

1. 对称三相电路

对称三相电路是指不计输电线路阻抗,三相电源和三相负载分别对称的三相电路,三相对称电源的线电压、相电压大小分别相等,相位相差120°,三相对称负载阻抗相等。

2. 三相负载的连接

三相负载有星形(Y)和三角形(△)两种接法,采用哪种接法,要根据负载的额定电压和电源电压确定。三相负载的联结原则是要使电源提供的电压等于负载的额定电压,单相负载尽量均衡地分配到三相电源上。

(1)星形联结的三相负载。星形联结的三相负载如图3-8-1所示,图中负载的相电压等于电源的相电压。

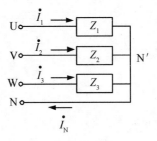

图3-8-1 星形联结的三相负载

线电压和相电压之间的关系为

$$U_1 = \sqrt{3}U_p \tag{3-8-1}$$

线电压相位上超前对应的相电压30°,负载的线电流等于相电流,中线电流为

$$\dot{I}_N = \dot{I}_1 + \dot{I}_2 + \dot{I}_3 \tag{3-8-2}$$

若三相负载对称,各线电流大小相等,相位互差 120°,因此中线电流 $\dot{I}_N = 0$。

当星形连接的三相负载不对称时,为保证负载上能得到对称的三相电压,必须接入中线,中线内不允许接闸刀开关和熔断器。因为有中线,各相电压对称,所以相电流不对称,中线电流不为零。

(2)三角形连接的三相负载。三角形连接的三相负载如图 3-8-2 所示,当负载接成三角形时,负载的相电压等于电源的线电压,即 $U_p = U_1$,若负载对称,负载的线电流等于相电流的 $\sqrt{3}$ 倍,即 $I_1 = \sqrt{3} I_p$,在相位上,线电流滞后对应的相电流 30°。

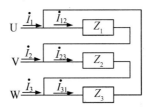

图 3-8-2 三角形联结的三相负载

若负载不对称,各相电流和线电流将发生变化,它们不再对称。

3. 三相电路功率的测量

三相电路功率的测量有两种方法,分别是单表法和两表法。

(1)单表法。单表法测量功率接线图如图 3-8-3 所示。

当三相负载对称时,用功率表测量单相负载的功率,然后取其三倍即为三相电路的总功率;当三相负载不对称时,分别测量每一相负载的功率,取三相的功率之和,即为总功率。

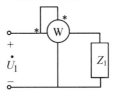

图 3-8-3 单表法测量功率接线图

(2)两表法。两表法测量功率接线图如图 3-8-4 所示。取三相电路中任意一根端线为基准线,用两块功率表分别测量另外两根端线和基准线之间的功率,两功率表读数之和为三相电路的总功率。两表法适用于三相三线制电路功率的测量,而三相四线制电路一般不适用。

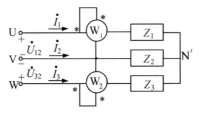

图 3-8-4 两表法测量功率接线图

3.8.4 实验内容

本实验的负载为电阻性三相负载,由若干 220 V/15 W 的白炽灯泡所组成,以 U 相负载为例,其内部每一相负载接法及其表示如图 3-8-5 所示。每一相由三只白炽灯泡并联构成,为便于改变负载,实现对称或不对称负载的工作情况,每一相的并联支路都用开关单独控制,开关闭合时负载接通,开关断开时负载开路。通过改变开关的状态来改变每一相负载中接入的白炽灯泡的数目,从而把负载接成对称和不对称三相负载。当开关 S_1、S_2、S_3 均闭合时,表示 U 相负载为 3 盏灯。负载挂箱内的三相负载,可通过实验台上的接线孔,接成所需的星形或三角形负载。

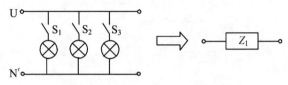

图 3-8-5 一相负载接法及其表示

1. 负载星形联结的三相电路

负载星形联结的三相电路如图 3-8-6 所示,将星形联结的对称三相负载经三相自耦调压器接至三相对称电源,三相自耦调压器逆时针旋转到底,经检查无误后,开启电源,调节自耦调压器,使输出的相电压为 220 V。改变每相负载的灯泡的连接情况,分别构成对称和不对称负载,有中线和无中线的不同联结情况,按表 3-8-1 中要求的内容测出并填写各数据。

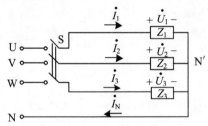

图 3-8-6 负载星形联结三相电路

表 3-8-1 负载星形联结实验数据

中线情况	开灯盏数			相电压/V			中点电压/V	线电流/A			中线电流/A
	U 相	V 相	W 相	U_1	U_2	U_3	$U_{N'N}$	I_1	I_2	I_3	I_N
有	3	3	3				—				
无	3	3	3								—
有	2	3	2				—				
无	2	3	2								—

2. 负载三角形联结的三相电路

负载三角形联结的三相电路如图 3-8-7 所示,将三角形联结的对称三相负载经三相自耦调压器接至三相对称电源,三相自耦调压器逆时针联结旋转到底,经检查无误后,开启电源,调节调压器,使输出的线电压为 220 V,改变 U、V、W 三相电路上三个灯泡连接情况,构成三相负载对称和不对称的不同情况,按表 3−8−2 中要求的内容测出并填写各数据。

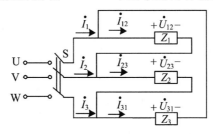

图 3−8−7 负载三角形联结的三相电路

表 3−8−2 负载三角形联结实验数据

工作情况	开灯盏数			线电流/A			相电流/A		
	U 相	V 相	W 相	I_1	I_2	I_3	I_{12}	I_{23}	I_{31}
正常	3	3	3						
	0	3	3						
	2	3	2						
U 线断开	3	3	3						

3.三相电路功率的测量

采用两表法测量负载星形联结的三相三线制电路的功率,测量电路如图 3−8−8 所示。注意两只功率表的电压线圈和电流线圈的接法,电压线圈和电流线圈同名端必须接在一起。按表 3−8−3 中要求的内容将各数据测出,填入该表中。

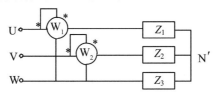

图 3−8−8 三相电路功率的测量电路

表 3−8−3 三相电路功率的实验数据

开灯盏数			测试值/W		计算值/W
U 相	V 相	W 相	P_1	P_2	$P_总$
3	3	3			
3	2	3			

3.8.5 实验中的注意事项

(1)本次实验,电路连线较多,线路较复杂,为防止错误,避免故障和事故的发生,接线后应进行仔细检查,经教师允许后方可通电。

(2)实验过程中如果电路发生了故障,要冷静分析故障原因,在教师指导下尽快查出故障点并予以妥善处理,不断提高分析及排故的能力。

3.8.6　思考题

(1)在三相电路中中线的作用是什么?

(2)星形联结的三相对称负载,当不接中线时,若某一相负载发生短路或断路故障时,对其余两相负载的影响如何?灯泡亮度有何变化?

(3)三角形联结的三相对称负载,若一根火线发生断路故障时,对各相负载的影响如何?灯泡亮度有何变化?

3.8.7　实验报告要求

(1)按照规范实验报告的要求撰写各部分内容。

(2)填写好实验中的测量数据,并完成相应参数的计算。

(3)回答思考题。

(4)写出实验结论。

(5)写出实验中遇到的问题及解决办法。

(6)写出实验的收获和体会。

3.9　三相正弦交流电源相序的测量

3.9.1　实验目的

(1)掌握两种三相正弦交流电源相序的测量方法。

(2)加深对三相正弦交流电源相位的理解。

3.9.2　实验仪器与设备

(1)电工电子综合实验台。

(2)数字交流毫伏级电压表。

(3)数字万用表。

3.9.3　实验原理

三相正弦交流电源的相序指的是三相正弦交流电出现正幅值的顺序,相序对许多三相用电设备的正常运行有着至关重要的影响,在很多情况下不允许出现相反的供电相序。在三相交流电动机中,如果所加三相电源相序发生变化,将直接影响电动机的转向;在电力系统中,当变压器并网运行时如果将不同相序的交流电相接,将会造成重大的安全事故,因此相序的测量非常重要。

相序测量可以采用电容法和电感法两种形式。

1.电容法

电容法测量三相正弦交流电源相序原理图如图3-9-1所示。

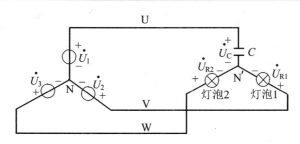

图 3-9-1　电容法测量三相正弦交流电源相序原理图

图 3-9-1 中两个灯泡相同,阻值相等,均为 R,选择合适的电容,使电容的容抗和电阻值大致相等,假设接电容的一相为 U 相,即 $\dot{U}_1=U\angle 0°$ V,$\dot{U}_2=U\angle -120°$ V,$\dot{U}_3=U\angle 120°$ V,则由结点电压公式可得:

$$\dot{U}_{N'N}=\frac{\dot{U}_1\mathrm{j}\omega C+\dfrac{\dot{U}_2}{R}+\dfrac{\dot{U}_3}{R}}{\mathrm{j}\omega C+\dfrac{1}{R}+\dfrac{1}{R}}=\frac{(-1+\mathrm{j})\dot{U}_1}{2+\mathrm{j}1}=0.632U\angle 108°\text{V} \tag{3-9-1}$$

$$\dot{U}_{R1}=\dot{U}_2-\dot{U}_{N'N}=U\angle -120°-0.632U\angle 108°=1.5U\angle -101.5°\text{ V} \tag{3-9-2}$$

$$\dot{U}_{R2}=\dot{U}_3-\dot{U}_{N'N}=U\angle 120°-0.632U\angle 108°=0.4U\angle 138°\text{ V} \tag{3-9-3}$$

由上述计算可知,当假设接电容的一相为 U 相时,灯泡亮的一相为 V 相,灯泡暗的一相为 W 相。

2. 电感法

电感法测量三相正弦交流电源相序原理图如图 3-9-2 所示,图中两个灯泡阻值相等,均为 R,选择合适的电感使电感的感抗和电阻值大致相等,假设接电感的一相为 U 相,则灯泡暗的一相为 V 相,灯泡亮的一相为 W 相。

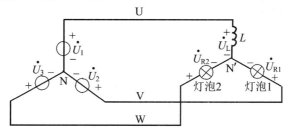

图 3-9-2　电感法测量三相正弦交流电源相序原理图

3.9.4　实验内容

1. 测量灯泡电阻,计算电容值

实验电路如图 3-9-1 所示,按图接线,用万用表欧姆挡测量图中灯泡电阻值,选择合适的电容,计算电容值,使电容的容抗和电阻值大致相等,填入表 3-9-1 中。

2. 用电容法测量三相交流电源相序

按照图 3-9-1 连接电路,用三相自耦调压器调节电压,使三相交流电压的相电压 $U_P=150$ V,检查接线无误后接通电源,观察灯泡的亮暗情况,记录判断相序的结果,并用电压表测量电容和两个灯泡的电压,将结果填入表 3-9-1 中。

表 3-9-1　电容法相序测量记录表

相电压 U_P/V	灯泡电阻值 R/Ω	电容计算值/μF	灯泡亮暗情况		元件电压/V		
			灯泡 1	灯泡 2	U_C	U_{R1}	U_{R2}
150							

　　3.用电感法测量三相交流电源相序

　　按照图 3-9-2 连接电路,根据表 3-9-1 中测量的灯泡电阻值,选择合适的电感,计算电感值,使电感的感抗和电阻值大致相等,填入表 3-9-2 中,用三相自耦调压器调节电压,使三相交流电压的相电压有效值 $U_P=150$ V,检查接线无误后接通电源,观察灯泡的亮暗情况,记录判断相序的结果,并用电压表测量电感和两个灯泡的电压,将结果填入表 3-9-2 中。

表 3-9-2　电感法相序测量记录表

相电压 U_P/V	电感值/mH	灯泡亮暗情况		元件电压/V		
		灯泡 1	灯泡 2	U_L	U_{R1}	U_{R2}
150						

3.9.5　实验中的注意事项

(1)在测量电压时一定要注意表的挡位选择,测量类型、量程都要对应。
(2)自耦调压器输入、输出端不能接反。
(3)严禁身体触及金属片带电部分。
(4)实验线路需经教师检查后,方可通电。
(5)在拆除电路,断电后,先用导线对电容器短路放电,而后再拆线以防触电。

3.9.6　思考题

(1)画出图 3-9-1 中各电压的相量图。
(2)计算图 3-9-2 中各元件电压。

3.9.7　实验报告要求

(1)按照规范实验报告的要求撰写各部分内容。
(2)填写好实验中的测量数据,并完成相应参数的计算。
(3)回答思考题。
(4)写出实验结论。
(5)写出实验中遇到的问题及解决办法。
(6)写出实验的收获和体会。

3.10　单相变压器的研究

3.10.1　实验目的

(1)掌握测定变压器的变比及空载损耗的方法。

(2)掌握变压器外特性的测试方法。

(3)了解变压器阻抗变换的作用。

3.10.2　实验仪器与设备

(1)电工电子综合实验台。

(2)数字交流毫伏级电压表。

(3)数字万用表。

3.10.3　实验原理

变压器是一种常见的电气设备,在电力系统和电子线路中应用广泛。它通过磁路耦合作用,把交流电从变压器的一次绕组输送到变压器的二次绕组。变压器在传输电能的同时,具有电压变换、电流变换和阻抗变换的作用。

变压器符号如图 3 - 10 - 1 所示,当变压器空载时,一次绕组和二次绕组的电压之比为变比

$$\frac{U_1}{U_2} = K \tag{3-10-1}$$

变压器带载运行时,一次绕组和二次绕组的电流之比为

$$\frac{I_1}{I_2} = \frac{1}{K} \tag{3-10-2}$$

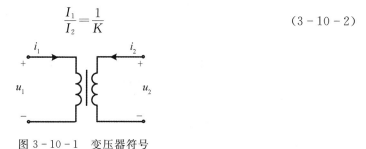

图 3 - 10 - 1　变压器符号

当电源电压 U_1 和负载功率因数 $\cos\varphi$ 不变时,二次绕组端电压 U_2 和二次绕组电流 I_2 的关系可以用变压器外特性曲线 $U_2 = f(I_2)$ 来描述,如图 3 - 10 - 2 所示。对于电阻性和电感性负载而言,电压 U_2 随电流 I_2 的增加而下降。

变压器的功率损耗很小,效率 η 很高,通常在 95% 以上,在一般电力变压器中,当负载为额定负载的 50%～70% 时,效率 η 达到最大值。

通常希望电压 U_2 的变动越小越好,从空载到额定负载,二次绕组电压的变化程度用电压变化率 ΔU 表示:

$$\Delta U = \frac{U_{20} - U_2}{U_{20}} \times 100\% \tag{3-10-3}$$

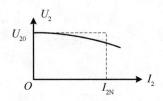

图 3 - 10 - 2　变压器外特性曲线

3.10.4　实验任务

1. 测定变压器的变比及空载损耗

变压器空载电路如图 3 - 10 - 3 所示,找到变压器的一次绕组与二次绕组,让变压器二次绕组开路,一次绕组接于交流电源(自耦调压器)上。通电前,将自耦调压器旋转至零位。

接通电源,调压器从 0 V 上升,调至 110 V,用交流电压表测出空载电压 U_{20},用交流电流表测出空载电流 I_{10},用功率表测出空载损耗 P_{10}。将测量结果填入表 3 - 10 - 1 中。

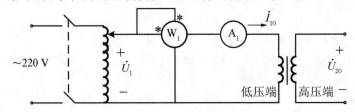

图 3 - 10 - 3　变压器空载电路

表 3 - 10 - 1　变压器空载测量数据

U_1/V	U_{20}/V	I_{10}/A	P_{10}/W	K

2. 测定变压器的外特性曲线和电压变化率

变压器带负载电路如图 3 - 10 - 4 所示,变压器的高压端接负载,低压端通过自耦调压器接到交流电源上。

接通电源前,自耦调压器旋至零位,变压器的低压端开路。接通电源后,调压器从 0 V 上升,调至 110 V,而后保持调压器不变。逐个接入负载灯泡,测量变压器一次绕组和二次绕组的电流 I_1、I_2 及二次侧电压 U_2、输入功率 P_1,直到一次绕组和二次绕组的电流接近额定值为止,将测量结果填入表 3 - 10 - 2 中。表中 R_1 指的是变压器低压端对于电源(调压器)所体现的负载值,可用于研究阻抗变换。

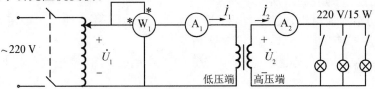

图 3 - 10 - 4　变压器带负载电路

表 3 - 10 - 2　变压器带负载测量数据表

U_1/V	I_1/A	P_1/W	U_2/V	I_2/A	灯泡个数	η	R_1/Ω
			$U_{20}=220$	0	0	—	空载
					1		
					2		
					3		
电压变化率 $\Delta U/\%$							

计算变压器的工作效率 η、电压变化率 ΔU,并在专用坐标纸上画出变压器外特性曲线。

3.10.5　实验中的注意事项

(1)自耦调压器的输入输出端不可接反。
(2)自耦调压器的输出端不允许短路。
(3)每项实验通电前,自耦调压器应调至零位。
(4)每项实验中要注意变压器一次绕组和二次绕组的电流的数值,不能超过额定值。

3.10.6　思考题

在变压器带载实验中,为何低压端接电源,高压端接负载?

3.10.7　实验报告要求

(1)按照规范实验报告的要求撰写各部分内容。
(2)填写好实验中的测量数据。
(3)回答思考题。
(4)写出实验结论。
(5)写出实验中遇到的问题及解决办法。
(6)写出实验的收获和体会。

3.11　三相异步交流电动机正、反转控制线路的研究

3.11.1　实验目的

(1)加深对三相交流异步电动机继电接触器控制电路的基本构成和工作原理的理解。
(2)理解并验证电动机实现正、反转切换的原理。
(3)理解并实现控制电路中"互锁"功能。
(4)培养学生具备继电接触器控制电路的操作技能。

3.11.2　实验仪器与设备

(1)电工电子综合实验台。
(2)三相笼型异步交流电动机。

3.11.3 实验原理

就现代机床或其他生产机械而言,它们的运动部件大多是由电动机来拖动的。因此,在生产过程中要对电动机进行自动控制,使生产机械各部件的动作按顺序进行。

实现电动机自动控制的电路称为控制线路,它由主电路和控制电路构成。由继电器、接触器及按钮等控制电器来实现自动控制的系统称为继电接触器控制系统。对电动机工作状态的控制,主要包括起动、停止、正反转、调速及制动等。能够实现电动机正反转的控制线路,如图3-11-1所示。

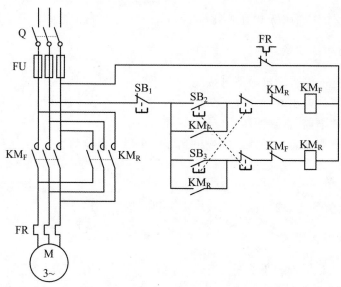

图 3-11-1 电动机正反转控制线路图

改变电动机接入线路的相序(只要将三根火线中的两根对调即可),便可使电动机实现反转。而在继电接触器控制线路中,需要有两个交流接触器,一个控制电动机正转,另一个控制电动机反转。但是这两个接触器不能同时通电,否则便会导致电源短路。那么,为了确保两个交流接触器不同时通电,则需要在控制电路中引入互锁功能。此电路具有电动机起动、停止、过流保护、欠压或零压保护、短路保护、自锁和互锁功能。

3.11.4 实验内容

(1)检查各实验设备外观及质量是否良好。

(2)按图3-11-1进行接线,先接主电路,再接控制电路。自己检查无误并经实验教师检查允许后,方可通电实验。

(3)进行"正转—反转—正转—停车"操作。

1)按下正转按钮 SB_2,观察电动机及各接触器的工作情况。

2)按下反转按钮 SB_3,观察电动机及各接触器的工作情况。

3)按下正转按钮 SB_2,观察电动机的工作情况。

4)按下停车按钮 SB_1,使电路停止工作。

5)关断电源,拆解电路。

记录实验中观察到的实验现象。

3.11.5　实验中的注意事项

(1)完成接线,先自己认真检查,再经教师检查无误后方可通电。

(2)在正、反转切换时要使用小功率电动机,且间隔时间不要太短,也不要频繁切换,否则易发生电动机过热情况。

(3)不应同时按下 SB$_2$ 和 SB$_3$ 两个按钮,虽然不会出现事故,但在逻辑上说不通。

3.11.6　思考题

(1)为什么要有互锁功能? 互锁功能是如何实现的?

(2)如果交流接触器没有动断辅助触点,能想办法实现正、反转直接切换吗?

(3)在正、反转控制线路的基础上,设计行程控制线路。

3.11.7　实验报告要求

(1)按照规范实验报告的要求撰写各部分内容。

(2)记录实验中的测试结果。

(3)回答思考题。

(4)写出实验结论。

(5)写出实验中遇到的问题及解决办法。

(6)写出实验的收获和体会。

3.12　三相异步交流电动机点动和长动控制线路的设计

3.12.1　实验目的

(1)加深对三相异步交流电动机继电接触器控制电路的构成和工作原理的理解。

(2)加深对三相异步交流电动机继电接触器控制系统工作原理的理解。

(3)理解并实现控制电路中"互锁"功能。

(4)培养继电接触器控制线路的联接和操作技能。

3.12.2　实验仪器与设备

(1)电工电子综合实验台。

(2)三相笼型异步交流电动机。

(3)自选的元器件。

3.12.3　实验任务

利用常用控制电器设计三相异步交流电动机点动与长动的控制线路,即电动机既能点动运行,又能连续运行。控制线路要求具有欠压、短路和过载保护功能。

3.12.4 实验报告要求

(1)按照规范实验报告的要求撰写各部分内容。

(2)要求有完整的实验设计过程,包括基本原理、实验电路和理论计算等。

(3)要求有完整的测试过程并记录实验数据,验证实验设计的正确性。

(4)写出实验的结论。

(5)写出实验中遇到的问题及解决办法。

(6)写出实验的收获和体会。

3.13 三相异步交流电动机顺序起动 和停车控制线路的设计

3.13.1 实验目的

(1)掌握时间继电器的结构、功能及使用方法。

(2)掌握时序控制的原理和方法。

(3)培养继电接触器控制线路的设计和调试能力。

3.13.2 实验仪器与设备

(1)电工电子综合实验台。

(2)三相笼型异步交流电动机。

(3)自选的元器件。

3.13.3 实验任务

利用常用控制电器设计两台电动机顺序起动和停止的继电接触器控制线路。要求:在起动时,电机 A 通电运行一段时间后(如 10 s),电机 B 方可自行起动;在停车时,电机 B 停转一段时间后(如 10 s),电机 A 方可停转。

3.13.4 实验报告要求

(1)按照规范实验报告的要求撰写各部分内容。

(2)要求有完整的实验设计过程,包括基本原理、实验电路和理论计算等。

(3)要求有完整的测试过程并记录实验数据,验证实验设计的正确性。

(4)写出实验的结论。

(5)写出实验中遇到的问题及解决办法。

(6)写出实验的收获和体会。

3.14　三相异步交流电动机 Y-△换接起动控制线路的设计

3.14.1　实验目的

(1)掌握三相交流异步电动机的起动方法。
(2)掌握时间继电器的结构、功能及使用方法。
(3)掌握 Y-△降压起动的工作原理。
(4)培养继电接触器控制线路的设计和调试能力。

3.14.2　实验仪器与设备

(1)电工电子综合实验台。
(2)三相笼型异步交流电动机。
(3)自选的元器件。

3.14.3　实验任务

利用时间继电器等控制电器设计继电接触器控制线路,实现定时完成三相交流异步电动机 Y-△降压起动的自动切换,自动切换的延时时间为 10 s。

3.14.4　实验报告要求

(1)按照规范实验报告的要求撰写各部分内容。
(2)要求有完整的实验设计过程,包括基本原理、实验电路和理论计算等。
(3)要求有完整的测试过程并记录实验数据,验证实验设计的正确性。
(4)写出实验的结论。
(5)写出实验中遇到的问题及解决办法。
(6)写出实验的收获和体会。

3.15　三相异步交流电动机缺相保护电路的设计

3.15.1　实验目的

(1)了解三相异步交流电动机的工作原理。
(2)理解缺相运行对三相异步交流电动机造成的危害。
(3)能够利用三相异步交流电动机在电源缺相时的特点,设计保护电路。
(4)培养学生解决实际问题的综合设计、调试和实践能力。

3.15.2　实验仪器与设备

(1)电工电子综合实验台。

(2)数字万用表。

(3)三相笼型异步交流电动机。

(4)自选的元器件。

3.15.3 实验任务

设计一个检测三相正弦交流电源缺相故障的保护电路,用于保证电动机的正常运行。当三相异步交流电动机正常运行时,三相电源必须是三相对称交流电源。当出现三相电源缺相故障时,电动机定子绕组不产生旋转磁场,电机电流将增大,易烧坏电机。要求设计保护电路能在三相交流电源缺相情况下,自动切断三相异步交流电动机的供电电源,以保护电动机不受损害。

3.15.4 实验报告要求

(1)按照规范实验报告的要求撰写各部分内容。

(2)要求有完整的实验设计过程,包括基本原理、实验电路和理论计算等。

(3)要求有完整的测试过程并记录实验数据,验证实验设计的正确性。

(4)写出实验的结论。

(5)写出实验中遇到的问题及解决办法。

(6)写出实验的收获和体会。

第4章 电子技术实验

4.1 三极管放大电路

4.1.1 实验目的

(1)掌握放大电路静态工作点的调试和测量方法,理解静态工作点对放大电路动态工作性能的影响。

(2)掌握放大电路主要动态工作性能的测试方法。

(3)熟悉常用电子仪器和仪表的使用方法。

4.1.2 实验仪器与设备

(1)电工电子综合实验台。

(2)信号发生器。

(3)数字示波器。

(4)数字交流毫伏级电压表。

(5)数字万用表。

4.1.3 实验原理

1.根据放大电路静态分析方法,进行放大电路静态工作点的调试与测量

放大电路的静态分析指当没有输入信号时,确定放大电路的静态工作点,包括静态值 I_B、I_C 和 U_{CE}。放大电路需要选择合适的静态工作点,才可以对信号进行正常放大,如果静态工作点选择的不合适,输出信号会发生非线性失真,静态工作点偏低易产生截止失真,静态工作点偏高易产生饱和失真。

放大电路静态工作点的调整和测试方法,放大电路如图 4-1-1 所示,首先根据电路参数,理论计算静态值,要求静态工作点应尽量选在交流负载线的中点附近位置,如图 4-1-2 所示;然后根据理论值,通过调节偏置电阻 R_{B2} 大小调整静态工作点。如减小 R_{B2} 可以提高基极电位,增加基极电流,静态工作点上移,一般为了避免测量集电极电流时断开集电极,常采用通过测电阻 R_C 电压值算出电流值的方法;最后验证静态工作点是否合适。输入交流信号电压为 u_i,检测输出电压 u_o 的大小和波形形状,如不满足要求,则继续调整静态工作点到合适的

位置。

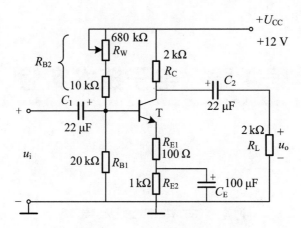

图 4-1-1 分压式偏置放大电路

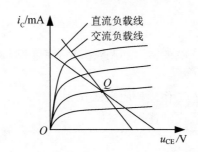

图 4-1-2 直流负载线和交流负载线

2.根据动态分析方法,进行放大电路动态工作性能指标测试

放大电路的动态分析是指当有输入信号时,确定放大电路的电压放大倍数 A_u、输入电阻 r_i 和输出电阻 r_o 等。应该在放大电路静态工作点的调试与测量后,进行动态工作性能指标测试。

(1)电压放大倍数 A_u 的测试:在保证输出电压 u_o 不失真的情况下,输入正弦交流信号 u_i,有效值为 U_i,测量经过放大后的输出信号电压的有效值 U_o,并观察输入、输出电压的相位关系,则电压放大倍数 A_u 为

$$|A_u| = \frac{U_o}{U_i} \tag{4-1-1}$$

(2)输入电阻 r_i 的测试:放大电路对信号源来说,是一个负载,可用一个电阻来等效代替,这个电阻是信号源的负载电阻,也就是放大电路的输入电阻 r_i,如图 4-1-3 所示。在信号源与放大电路之间加入电阻 R_S,电阻 R_S 与 r_i 采用同一数量级,不会产生较大的测量误差。测量信号源两端的电压有效值 U_S,放大电路输入电压有效值 U_i,则输入电阻 r_i 为

$$r_i = \frac{U_i}{I_i} = \frac{U_i}{\dfrac{U_R}{R_S}} = \frac{U_i}{U_S - U_i} R_S \tag{4-1-2}$$

(3)输出电阻 r_o 的测试:放大电路对负载(或对后级放大电路)来说,是一个信号源,可以将它用戴维南等效电路替代,等效电源的内阻即为放大电路的输出电阻 r_o,如图 4-1-4 所

示。放大电路在正常工作的条件下,保持输入信号 u_i 不变,测量放大电路在开路时输出电压的有效值 U_{oc} 和接入负载 R_L 后的输出电压有效值 U_{oL},则输出电阻 r_o 为

$$r_o = \frac{U_{oc} - U_{oL}}{\dfrac{U_{oL}}{R_L}} = \left(\frac{U_{oc}}{U_{oL}} - 1\right) R_L \tag{4-1-3}$$

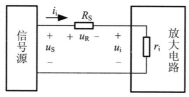

图 4-1-3　测量输入电阻的电路

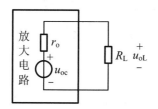

图 4-1-4　测量输出电阻的电路

4.1.4　实验内容

1. 测试静态工作点

按照图 4-1-1 连接实验电路,先将电路中偏置电阻 R_W 调至最大,然后接通 +12 V 直流电源,无输入信号(不连接信号发生器)。用数字万用表测量三极管发射极电位 V_E,调节电阻 R_W,使 $V_E = 2$ V(放大电路具有合适静态工作点时的电位值),并测量三极管基极和集电极电位 V_B 和 V_C,按表 4-1-1 的要求记录相关数据。

表 4-1-1　测试静态工作点的实验数据

测　量　值			计　算　值		
V_B/V	V_E/V	V_C/V	U_{BE}/V	U_{CE}/V	I_C/mA

2. 测量电压放大倍数

放大电路具有合适静态工作点后,动态工作性能测试电路图如图 4-1-5 所示。将放大电路输入端与信号发生器输出端相连接(图中放大电路信号输入的 a 端和 b 端,分别与信号发生器数据线的红夹子和黑夹子相连接),信号发生器产生输入信号 u_i,它是频率 $f = 1$ kHz,有效值 $U_i = 50$ mV 的正弦交流信号。同时将负载 R_L 两端与数字示波器输入两端相连接(图 4-1-5 中负载 R_L 的 c 端和 d 端,分别与数字示波器数据线的红夹子和黑夹子相连接),用数字示波器观察放大电路输出电压 u_o 的波形。在波形不失真的条件下,用数字交流毫伏级电压表测量输出电压有效值 U_o(数字交流毫伏级电压表数据线的红夹子和黑夹子分别与负载 R_L 的 c 端和 d 端相连接),并按表 4-1-2 的要求记录相关数据,用数字示波器观察输入、输出电

压之间的相位关系。

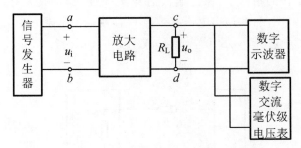

图 4-1-5　动态工作性能测试电路图

表 4-1-2　测量电压放大倍数的实验数据

$R_C/kΩ$	$R_L/kΩ$	U_o/V	A_u
2	∞		
2	2		
3	∞		

3．测试静态工作点对放大电路的影响

当放大电路的输入为正弦交流信号时，其电压有效值 $U_i=50$ mV、频率 $f=1$ kHz，$R_C=3$ kΩ，$R_L=5.1$ kΩ。测量并记录输出 u_o 波形不失真时的 U_{CE}。然后，分别增加电阻 R_W 和减小电阻 R_W，使输出波形失真。用数字示波器观察失真的波形，记录波形失真的情况(饱和失真或截止失真等)，并在专用坐标纸上绘出输出的失真波形，同时测量并记录波形失真情况下的 V_E 和 U_{CE}，按表 4-1-3 的要求记录相关数据，注意在每次测直流电压时都要先将输入信号除去。

表 4-1-3　静态工作点对放大电路影响的实验数据

V_E/V	U_{CE}/V	失真情况	三极管工作状态
2		不失真	放　大

4．测量放大电路的输入电阻

在图 4-1-3 中，在信号源输出端和放大电路的输入端串接电阻 $R_S=2$ kΩ，调整信号源输出正弦交流电压 u_S 的大小，使得放大电路输入信号 u_i 的有效值为 $U_i=50$ mV，同时测量电阻 R_S 的电压 u_S，根据公式(4-1-2)计算输入电阻 r_i，按表 4-1-4 的要求记录相关数据，并将输入电阻的测量值与理论值进行对比。

表 4-1-4　放大电路的输入电阻的实验数据

输入电阻测量			
U_S/mV	U_i/mV	$r_i/kΩ$	
		测量值	理论值

5.测量放大电路的输出电阻

借助表 4 - 1 - 2 中第一组、第二组测量数据(输入信号不变,$R_C = 2\text{ k}\Omega$,输出开路和输出接负载电阻 2 kΩ 两种情况),按表 4 - 1 - 5 的要求记录相关数据,根据公式(4 - 1 - 3)计算输出电阻 r_o,并将输出电阻的测量值和理论值进行对比。

表 4 - 1 - 5　放大电路的输出电阻的实验数据

输入电阻测量			
U_{oc}/mV	U_{oL}/mV	$r_o/\text{k}\Omega$	
		测量值	理论值

4.1.5　实验中的注意事项

(1)实验线路在连接时,为防止干扰,信号发生器、数字交流毫伏级电压表和数字示波器的公共端(黑夹子)必须和电源的地线连接在一起。信号发生器、数字交流毫伏级电压表和数字示波器的数据线采用专用电缆线或屏蔽线,并将它们的外包金属网接在公共接地端。

(2)注意区分实验中的物理量,直流电源 $+U_{CC}$ 为直流量、交流信号电压 u_i 为交流量。当测试数据时注意选用合适仪表,在测试静态值时用数字万用表,在测试动态值时用数字交流毫伏级电压表。

4.1.6　思考题

(1)放大电路放大的是交流信号,为何需要选择合适的静态工作点? 此放大电路能否放大直流信号,说明原因?

(2)当放大电路输入信号为正弦电压时,电路输出波形发生饱和失真和截止失真时,各自波形为上削波波形还是下削波波形,说明波形失真的原因。如果上削波和下削波波形同时发生,说明波形失真的原因?

4.1.7　实验报告要求

(1)按照规范实验报告的要求撰写各部分内容。

(2)填写好实验中的测量数据,并完成相应参数的计算(三极管电流放大系数 $\beta \approx 100$),要把实验中的测量值和对应理论值比较并进行分析,分析负载 R_L 对放大电路电压放大倍数、输入电阻及输出电阻的影响,分析静态工作点的变化对放大电路输出波形的影响,并说明原因。

(3)在专用坐标纸上画出实验中数字示波器上的相应波形,要求清晰、整洁。

(4)回答思考题。

(5)写出实验结论。

(6)写出实验中遇到的问题及解决办法。

(7)写出实验的收获和体会。

4.2 两级阻容耦合放大电路

4.2.1 实验目的

(1)学习级间阻容耦合放大电路静态和动态的调试方法。
(2)学习负反馈对放大电路性能的影响。
(3)掌握放大电路幅频特性的测试方法。
(4)掌握常用实验仪器和仪表的使用方法。

4.2.2 实验仪器与设备

(1)电工电子综合实验台。
(2)信号发生器。
(3)数字示波器。
(4)数字交流毫伏级电压表。
(5)数字万用表。

4.2.3 实验原理

1. 多级放大电路组成和联接方式

在电子电路中,当单级放大电路不能满足对微弱信号的放大要求时,常常采用多级放大电路对信号进行连续放大,提高放大倍数,从而获得必要的电压、电流和功率,图 4-2-1 为多级放大电路的组成框图,第一级到第 $n-2$ 级为前置级,主要实现信号的电压放大;第 $n-1$ 级和第 n 级为末前级和末级,主要实现信号的功率放大。多级放大电路的电压放大倍数为各级放大电路电压放大倍数的乘积,输入电阻为第一级放大电路的输入电阻,输出电阻为末级放大电路的输出电阻。

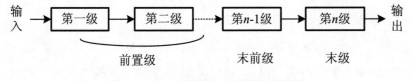

图 4-2-1 多级放大电路的组成框图

多级放大电路的电压放大倍数 A_u 为

$$A_u = A_{u1} \times A_{u2} \times \cdots \times A_{un} \tag{4-2-1}$$

其中,$A_{ui}(i=1,\ldots,n)$ 为第 i 级放大电路的放大倍数。

在多级放大电路中,每两个单级放大电路之间的联接方式称为耦合,耦合方式包括阻容耦合、直接耦合和变压器耦合。其中阻容耦合只能放大交流信号,在多级分立元件交流放大电路中得到广泛应用。带有负反馈的两级阻容耦合放大电路如图 4-2-2 所示,第一级放大电路的反馈元件 R_{E11} 和 R_{E12} 起本级直流负反馈的作用来稳定静态工作点,第一级的反馈元件 R_{E11} 也起本级串联电流交流负反馈的作用来稳定输出电流;第二级放大电路的反馈元件 R_{E2} 起本级直流负反馈的作用；级间的反馈元件 R_F、R_{E11} 和 R_{E12} 起级间直流负反馈的作用，反馈元件 R_F 和 R_{E11} 起级间串联电压交流负反馈的作用。

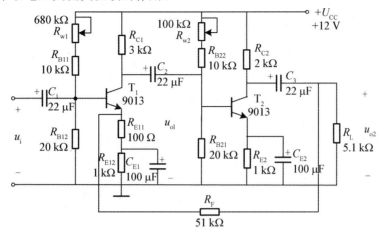

图 4 - 2 - 2　两级阻容耦合放大电路

2. 放大电路的幅频特性

放大电路利用容抗或感抗随频率变化的特性，对不同频率的输入信号产生不同的放大倍数，放大倍数随频率变化的关系称放大电路的幅频特性，如图 4 - 2 - 3 所示，从图中可见，放大电路中频段的放大倍数 $|A_u|=|A_{u0}|$，它与频率无关，而低频段和高频段的放大倍数随着频率的降低或升高，电压放大倍数都要降低。通常当放大倍数下降到 $0.707|A_{u0}|$ 时对应的两个频率，分别称为下限频率 f_L 和上限频率 f_H，在这两个频率之间的频率范围 $\Delta f = f_H - f_L$，称为通频带。

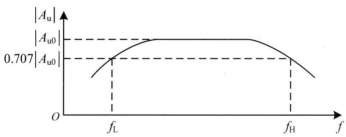

图 4 - 2 - 3　放大电路的幅频特性

3. 负反馈对放大电路工作性能的影响。

负反馈在电子电路中应用非常广泛，在放大电路中引入负反馈后，虽然降低了放大倍数，但在很多方面改善了放大电路的性能指标，包括稳定静态工作点、减小非线性失真、改变输入、输出电阻和展宽通频带等，因此所有的实用放大电路几乎都带有负反馈。

4.2.4　实验内容

1. 测试静态工作点

按图 4 - 2 - 2 连接实验电路，可以将反馈电阻 R_F 断开，接通 +12 V 直流电源，无输入信号(不连接信号发生器)。调整电阻 R_{W1} 大小,使第一级放大电路的三极管 T_1 的集电极电位 V_C 大约为 $6\sim8$ V(合适的静态工作点对应的电位值范围),用数字万用表测量其电位值,填入表 $4-2-1$ 中。调整电阻 R_{W2} 大小,使第二级放大电路的三极管 T_2 的集电极电位 V_C 大约为 $6\sim8$ V(合适的静态工作点对应的电位值范围),用数字万用表测量其电位值,也填入表表 $4-2-1$ 中。然后,在放大电路的输入端输入正弦交流信号 u_i,电压有效值 $U_i=2$ mV、频率 $f=1$ kHz。用数字示波器观察放大电路的第一级输出波形,微调 R_{W1} 使波形不失真且幅值较大;用数字示波器观察放大电路的第二级输出波形,微调 R_{W2} 使波形不失真且幅值较大。最后,将放大电路的输入信号除去($u_i=0$),用数字万用表测量放大电路中两个三极管的各个管脚电位,按表 $4-2-1$ 的要求记录相关数据,并计算对应 U_{BE}、U_{CE}、I_C 数值。

表 $4-2-1$ 放大电路静态工作点的测试数据

级数	测 量 值			计 算 值		
	V_B/V	V_C/V	V_E/V	U_{BE}/V	U_{CE}/V	I_C/mA
第一级						
第二级						

2.测量电压放大倍数

保持上述放大电路静态工作点不变,输入正弦交流电压信号 u_i,电压有效值 $U_i=2$ mV,频率 $f=1$ kHz,用数字示波器观察每级放大电路的输出,在波形无失真的情况下,分别在断开和连接负反馈电阻 R_F 的两种情况下,用数字交流毫伏级电压表测量每级放大器的输出电压 u_{o1} 和 u_{o2},按表 $4-2-2$ 的要求记录相关数据,并计算每级放大电路的电压放大倍数 A_{u1} 和 A_{u2},并计算两级放大电路的放大倍数 A_u。注意观察每级放大电路的输入、输出波形之间的相位关系。分析负反馈对两级放大电路放大倍数的影响。

表 $4-2-2$ 放大电路电压放大倍数的测量数据

级间反馈	$R_L/k\Omega$	U_{o1}/V	U_{o2}/V	计 算 值		
				A_{u1}	A_{u2}	A_u
无	∞					
	5.1					
有	∞					
	5.1					

3.测试幅频特性

放大电路输入正弦交流信号 u_i,电压有效值 $U_i=2$ mV、频率 $f=1$ kHz(中频段),输出端开路,用数字示波器观察输出电压 u_{o2} 波形,用数字交流毫伏级电压表测量 u_{o2}(U_{o2} 为其有效值)并记录在表 $4-2-3$ 中。在输出电压 u_{o2} 波形不失真的情况下,保持输入信号电压有效值 $U_i=2$ mV 不变,分别在断开和连接负反馈电阻 R_F 的两种情况下,只改变输入信号 u_i 的频率。从频率 $f=1$ kHz 逐渐调高,用数字交流毫伏级电压表测量输出电压 u_{o2},当输出电压 u_{o2} 的有效值逐渐下降到 $0.707U_{o2}$ 时,此时对应的输入信号频率为上限频率 f_H;从 $f=1$ kHz 逐渐调低,用数字交流毫伏级电压表测量输出电压 u_{o2},观察到输出电压 u_{o2} 的有效值逐渐下降到

$0.707U_{o2}$ 时,此时对应的输入信号频率为下限频率 f_L,按表 4 - 2 - 3 的要求记录相关数据。改变输入信号 u_i 的电压有效值 $U_i=5$ mV,重复上述的实验。

表 4 - 2 - 3　放大电路幅频特性的测试数据

级间反馈 R_F	输出电压 U_{o2}/V	下限频率 f_L/Hz	上限频率 f_H/Hz	通频带 $\Delta f/Hz$
无				
有				

4. 测量输入输出电阻

根据实验 4.1 输入、输出电阻的测试方法,在有、无级间反馈电阻 R_F 的两种情况下,测量两级放大电路的输入电阻和输出电阻,自拟表格完成数据记录和分析。

4.2.5　实验中的注意事项

(1)放大电路静态和动态电路在测量时,需要注意不同物理量选用不同的仪表,测量静态值用数字万用表,测量动态值用数字交流毫伏级电压表。

(2)当进行静态工作点调整时,两级放大器互不影响,应该分别进行调整。

(3)实验线路在连接时,为防止干扰,信号发生器、数字交流毫伏级电压表和数字示波器的公共端(黑夹子)必须和电源的地线连在一起。

4.2.6　思考题

(1)根据测试数据,分析负反馈对两级放大电路放大倍数的影响。

(2)如果多级放大电路对直流信号进行放大,每两个单级放大电路之间能否采用阻容耦合联结方式?

4.2.7　实验报告要求

(1)按照规范实验报告的要求撰写各部分内容。

(2)要求对放大电路的静态和动态理论值进行计算(三极管电流放大系数按照 $\beta_1 \approx \beta_2 \approx 100$),并把实测的静态工作点、电压放大倍数与理论值比较。

(3)在专用坐标纸上画出实验中数字示波器上的相应波形,要求清晰、整洁。

(4)回答思考题。

(5)写出实验结论。

(6)写出实验中遇到的问题及解决办法。

(7)写出实验的收获和体会。

4.3　集成运算放大器在信号运算方面的应用电路

4.3.1　实验目的

(1)学习运算放大器的使用方法。

(2)学习运算放大器线性运算电路的调试和测试。

4.3.2 实验仪器与设备

(1)电工电子综合实验台。
(2)信号发生器。
(3)数字示波器。
(4)数字交流毫伏级电压表。
(5)数字万用表。

4.3.3 实验原理

1. 运算放大器简介

运算放大器是一个具有开环电压放大倍数高、输入电阻高、输出电阻低等特点的通用器件。运算放大器的传输特性分为线性区和饱和区,如图 4-3-1 所示,线性区是指运算放大器的输入和输出电压之间为线性关系,运算放大器的开环电压放大倍数极高,需要引入深度负反馈才能工作在线性区,可以完成比例、加法、减法、积分和微分等数学运算,因而运算放大器在控制与测量技术中得到广泛应用。

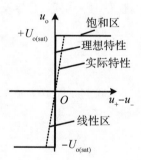

图 4-3-1 运算放大器的传输特性

本实验采用双列直插式单运算放大器,芯片型号为 LM741(μA741),其外形和引脚图如图 4-3-2 所示,符号图如图 4-3-3 所示,其中,2 管脚为反相输入端,3 管脚为同相输入端,4 管脚为负电源端,接 -12 V 直流稳压电源,7 管脚为正电源端,接 $+12$ V 直流稳压电源,6 管脚为输出端,1 和 5 管脚为外接调零电位器的两个端子,8 管脚为空脚。

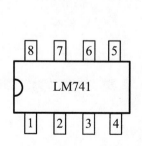

图 4-3-2 LM741 外形和引脚图

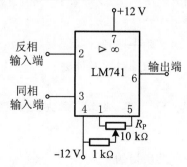

图 4-3-3 LM741 符号图

2.运算放大器的调零方法

运算放大器在制造中元器件参数不对称等原因,使得当电路输入电压为零时输出电压往往不为零,因此必须先对电路调零。运算放大器调零方法,根据实验要求连接电路,接通电源,令电路所有输入信号为零(将所有输入端接地),调节图 4-3-3 中运算放大器的 1 和 5 管脚间的调零电位器,使输出电压为零或在 ±5 mV 范围内,调好后保持电位器旋钮位置不变,直到电路结构改变为止,电路结构改变后需要重新调零再使用。

3.信号运算电路

(1)同相比例运算电路。同相比例运算电路如图 4-3-4 所示,电路的输入和输出电压关系为

$$u_{\mathrm{o}}=\left(1+\frac{R_{\mathrm{F}}}{R_1}\right)u_{\mathrm{i}} \tag{4-3-1}$$

通过改变 R_{F}、R_1 便可得到不同的比例系数即电压放大倍数。当比例系数为 1 时,输出电压与输入电压相等,称电压跟随器,如图 4-3-5 所示。

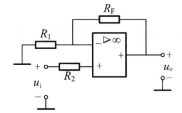

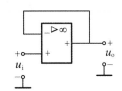

图 4-3-4　同相比例运算电路　　　　图 4-3-5　电压跟随器

(2)反相比例运算电路。反相比例运算电路如图 4-3-6 所示,电路的输入和输出电压关系为

$$u_{\mathrm{o}}=-\frac{R_{\mathrm{F}}}{R_1}u_{\mathrm{i}} \tag{4-3-2}$$

通过改变 R_{F}、R_1 便可得到不同的比例系数即电压放大倍数。

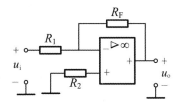

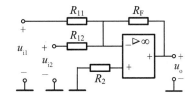

图 4-3-6　反相比例运算电路　　　　图 4-3-7　加法运算电路

(3)加法运算电路。加法运算电路如图 4-3-7 所示,电路的输入和输出电压关系为

$$u_{\mathrm{o}}=-\left(\frac{R_{\mathrm{F}}}{R_{11}}u_{\mathrm{i}1}+\frac{R_{\mathrm{F}}}{R_{12}}u_{\mathrm{i}2}\right) \tag{4-3-3}$$

通过改变 R_{F}、R_{11}、R_{12} 便可得到不同的比例系数,实现加法运算。

(4)减法运算电路。减法运算电路如图 4-3-8 所示,电路的输入和输出电压关系为

$$u_{\mathrm{o}}=\left(1+\frac{R_{\mathrm{F}}}{R_1}\right)\frac{R_3}{R_2+R_3}u_{\mathrm{i}2}-\frac{R_{\mathrm{F}}}{R_1}u_{\mathrm{i}1} \tag{4-3-4}$$

当 $R_1=R_2$，$R_F=R_3$ 时，则式（4-3-4）可变为

$$u_o = \frac{R_F}{R_1}(u_{i2} - u_{i1}) \qquad (4-3-5)$$

由式（4-3-5）可见，输出电压与两个输入电压的差值成正比，可以实现减法运算。

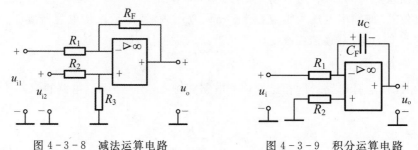

图 4-3-8　减法运算电路　　　　图 4-3-9　积分运算电路

（5）积分运算电路。积分运算电路如图 4-3-9 所示，电路的输入和输出电压关系为

$$u_o = -\frac{1}{R_1 C_F} \int u_i \, dt \qquad (4-3-6)$$

式中，$R_1 C_F$ 为积分时间常数，当 u_i 为阶跃电压时，则

$$u_o = -\frac{U_i}{R_1 C_F} t \qquad (4-3-7)$$

最后达到负饱和值 $-U_{o(sat)}$。

（6）微分运算电路。微分运算电路如图 4-3-10 所示，电路的输入和输出电压关系为

$$u_o = -R_F C_1 \frac{du_i}{dt} \qquad (4-3-8)$$

当 u_i 为阶跃电压时，u_o 为尖脉冲电压。

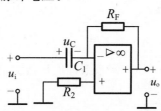

图 4-3-10　微分运算电路

4.3.4　实验内容

1.同相比例运算的测试

同相比例运算电路如图 4-3-4 所示，根据表 4-3-1 和表 4-3-2 中给出的输入电压数值进行理论计算，并将结果填入表 4-3-2 中。注意平衡电阻 R_2 的取值，$R_2 \approx R_1 /\!/ R_F$。根据实验电路图 4-3-5 连接线路，先对电路调零，调零完成后，电路的输入电压由直流信号源提供，用数字万用表直流电压挡测试相应的输出电压，按表 4-3-1 的要求记录相关数据，并与理论值比较。根据实验电路图 4-3-4 连接线路，$R_F=100\ k\Omega$；$R_1=10\ k\Omega$，重复上述实验，按表 4-3-2 的要求记录相关数据，并与理论值比较。

表 4 - 3 - 1　电压跟随器的输出

u_i/V	0	2	-2
u_o 测量值/V			
u_o 理论值/V			

表 4 - 3 - 2　同相比例运算的输出

u_i/V	0	0.5	-0.5
u_o 测量值/V			
u_o 理论值/V			

2. 反相比例运算的测试

反相比例运算电路如图 4 - 3 - 6 所示,根据表 4 - 3 - 3 和表 4 - 3 - 4 中给出的输入电压数据进行理论计算,并将结果填入表 4 - 3 - 4 中。注意平衡电阻 R_2 的取值,$R_2 \approx R_1 /\!/ R_F$。根据实验电路 4 - 3 - 6 连接线路,$R_F = 100 \ \mathrm{k\Omega}$,$R_1 = 10 \ \mathrm{k\Omega}$,先对电路调零,调零完成后,电路的输入电压由直流信号源提供,测试相应的输出电压,按表 4 - 3 - 3 的要求记录相关数据,并与理论值比较。改变电路中电阻 R_1 和 R_F 的大小,$R_F = 100 \ \mathrm{k\Omega}$,$R_1 = 100 \ \mathrm{k\Omega}$,重复上述实验,按表 4 - 3 - 4 的要求记录相关数据,并与理论值比较。

表 4 - 3 - 3　反相比例运算的输出(1)

u_i/V	0	0.5	-0.5
u_o 测量值/V			
u_o 理论值/V			

表 4 - 3 - 4　反相比例运算的输出(2)

u_i/V	0	2	-2
u_o 测量值/V			
u_o 理论值/V			

3. 加法运算的测试

加法运算电路如图 4 - 3 - 7 所示,根据表 4 - 3 - 5 要求进行理论值计算。注意平衡电阻 R_2 的取值,$R_2 \approx R_{11} /\!/ R_{12} /\!/ R_F$。根据实验电路图 4 - 3 - 7 连接线路,$R_F = 10 \ \mathrm{k\Omega}$;$R_{11} = 10 \ \mathrm{k\Omega}$;$R_{12} = 10 \ \mathrm{k\Omega}$,先对电路调零,调零完成后,电路的输入电压由直流信号源提供,测试相应的输出电压,按表 4 - 3 - 5 的要求记录相关数据,并与理论值比较。

表 4 - 3 - 5　加法运算的输出

u_{i1}/V	0	0.5	-1
u_{i2}/V	0	-1	2
u_o 测量值/V			
u_o 理论值/V			

4.减法运算的测试

减法运算电路如图 4-3-8 所示,根据表 4-3-6 要求进行理论计算,并将结果填入表中。注意平衡电阻的取值,$R_2 /\!/ R_3 \approx R_1 /\!/ R_F$。根据实验电路图 4-3-8 连接线路,$R_F = R_3 = 20 \text{ k}\Omega$;$R_1 = R_2 = 10 \text{ k}\Omega$,先对运放调零,调零完成后,电路的输入电压由直流信号源提供,测试相应的输出电压,按表 4-3-6 的要求记录相关数据,并与理论值比较。

表 4-3-6　减法运算的输出

u_{i1}/V	0	0.5	−0.5
u_{i2}/V	0	−0.5	1
u_o测量值/V			
u_o理论值/V			

5.积分运算的测试

积分运算电路如图 4-3-9 所示,根据实验电路图 4-3-9 连接线路,$R_1 = 50 \text{ k}\Omega$、$C_F = 1 \text{ }\mu F$(无极性电容),由信号发生器提供输入信号,频率 $f = 50 \text{ Hz}$,幅值 $U_i = \pm 5 \text{ V}$ 的方波,用数字示波器观察输出波形并记录,改变矩形波占空比为 30%,观察输出波形,并在专用坐标纸上绘制出输入输出信号的波形图。

6.微分运算的测试

微分运算电路如图 4-3-10 所示,根据实验电路图 4-3-10 连接线路,$R_F = 50 \text{ k}\Omega$、$C_1 = 1 \text{ }\mu F$,由信号发生器提供输入信号,频率 $f = 50 \text{ Hz}$,幅值 $U_i = \pm 5 \text{ V}$ 的方波,用数字示波器观察输出波形并记录,改变矩形波占空比为 20%,观察输出波形,并在专用坐标纸上绘制出输入输出信号的波形图。

4.3.5　实验中的注意事项

(1)连接实验线路时,注意区分芯片上各管脚功能,运算放大器的 4 管脚为负电源端,接 −12 V 稳压电源,7 管脚为正电源端,接 +12 V 稳压电源,正负电源不能接反。

(2)在连接实验线路时,先将运算放大器接地端和电源地线相连,防止运算放大器器件损坏。

(3)每次连接实验线路后,电路都需要先调零再测试。

(4)用数字万用表测量运算放大器电路输出电压时,注意量程的转换,在调零时用直流电压表的毫伏挡位。

4.3.6　思考题

(1)运算放大器在线性应用时,如何理解"虚短"和"虚断"的概念,如果将反相输入端和同相输入端短路连接,运算放大器能否正常工作?

(2)运算放大器在线性应用时,以反相比例运算为例,为什么输出电压只与外接元件及输入电压有关,与运算放大器本身的参数无关?

4.3.7　实验报告要求

(1)按照规范实验报告的要求撰写各部分内容。

（2）填写好实验中的测量数据，并完成相应参数的计算，将运算放大器线性运算输出信号电压测量值与理论计算值比较，进行数据分析，并说明产生误差原因。

（3）在专用坐标纸上画出实验中数字示波器上的相应波形，要求清晰、整洁。

（4）回答思考题。

（5）写出实验结论。

（6）写出实验中遇到的问题及解决办法。

（7）写出实验的收获和体会。

4.4　集成运算放大器在信号处理方面的应用电路

4.4.1　实验目的

（1）理解运算放大器工作在饱和区的特点及应用。
（2）学习电压比较器电路的调试和测试。
（3）学习测温报警电路的调试和测试。

4.4.2　实验仪器与设备

（1）电工电子综合实验台。
（2）信号发生器。
（3）数字示波器。
（4）数字交流毫伏级电压表。
（5）数字万用表。

4.4.3　实验原理

运算放大器的传输特性分为线性区和饱和区，如图 4-3-1 所示，饱和区是指运算放大器工作在开环状态或加有正反馈时，由于开环电压放大倍数极高，只要在两输入端之间有微小的差值信号，运算放大器的输入和输出电压之间因非线性关系就会输出饱和电压。运算放大器的图形符号如图 4-4-1 所示，当运算放大器工作在饱和区时，输出电压 u_o 有两种情况：

当 $u_+ > u_-$ 时，u_o 达到正饱和值 $+U_{o(sat)}$（此值接近集成运放的正电源值）；

当 $u_+ < u_-$ 时，u_o 达到负饱和值 $-U_{o(sat)}$（此值接近集成运放的负电源值）。

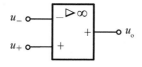

图 4-4-1　运算放大器的图形符号

运算放大器工作于饱和区的特性，在数字技术和自动控制系统中得到广泛应用，其中电压比较器为运算放大器工作于饱和区的典型应用，还可应用在电平检测和测温报警系统中。

4.4.4　实验内容

1.过零电压比较器

过零电压比较器电路如图 4-4-2 所示,运算放大器同相输入端接地,当 $u_i>0$ 输出为 $-U_{o(sat)}$;当 $u_i<0$ 输出为 $+U_{o(sat)}$。按表 4-4-1 要求进行理论计算,然后根据实验电路图,连接实验线路,$R_1=10\ k\Omega$,$R_2=10\ k\Omega$,实验采用 LM741(μA741)双列直插式单运算放大器,其外形和引脚图如图 4-3-2 所示,符号图如图 4-3-3 所示。用数字万用表测试实验数据,按表 4-4-1 的要求记录相关数据,并与理论值比较。

再将输入端输入正弦交流信号 u_i,有效值为 $U_i=2\ V$,$f=1\ 000\ Hz$,用数字示波器的两个通道同时观测输入、输出信号电压波形,并在专用坐标纸上画出输入、输出电压波形,并根据过零电压比较器的传输特性曲线分析实验测试结果。

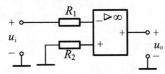

图 4-4-2　过零电压比较器

表 4-4-1　过零电压比较器的输出

u_i/V	$u_i>0(u_i=1\ V)$	$u_i<0(u_i=-1\ V)$
u_o测量值/V		
u_o理论值/V		

2.电压比较器(参考电压不为零)

电压比较器电路如图 4-4-3 所示,U_R 为参考电压,当 $u_i>U_R$ 输出为 $-U_{o(sat)}$;当 $u_i<U_R$ 输出为 $+U_{o(sat)}$。按表 4-4-2 要求进行理论计算,然后根据实验电路图,$R_1=10\ k\Omega$,$R_2=10\ k\Omega$,$U_R=1\ V$,连接实验线路并测试实验数据,记录相关数据,并与理论值比较。

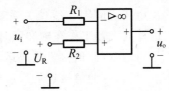

图 4-4-3　电压比较器

表 4-4-2　电压比较器的输出

u_i/V	$u_i>U_R(u_i=2\ V)$	$u_i<U_R(u_i=-2\ V)$
u_o测量值/V		
u_o理论值/V		

再将输入端输入正弦交流信号 u_i,电压有效值为 $U_i=2\ V$,$f=1\ 000\ Hz$,参考电压 U_R 由直流稳压电源提供,先将直流稳压电源电压调到零,用数字示波器观察输出电压 u_o 的波形,轻

轻调整直流稳压电源电压的大小,即 U_R 大小,观察波形的变化,当输出波形的占空比近似为 40% 时,测量直流稳压电源的电压值 U_R,并在专用坐标纸上画出此时的输入、输出波形,并根据电压比较器的传输特性曲线分析实验测试结果。

3. 电平检测器

电平检测器电路如图 4-4-4 所示,U_R 为参考电压,D_R 为红色发光二极管,D_G 为绿色发光二极管,输入电压 u_i 与参考电压比较,参考电压为正值。当 $u_i > U_R$ 输出为 $+U_{o(sat)}$,红色发光二极管 D_R 导通点亮;当 $u_i < U_R$ 输出为 $-U_{O(sat)}$,绿色发光二极管 D_G 导通点亮。根据表 4-4-3 给出的输入电压数据进行理论值计算,并将结果填入表中。连接实验线路,$R_1 = 10\ k\Omega$,$R_2 = 10\ k\Omega$,测量实验数据,按表 4-4-3 的要求记录相关数据。

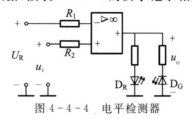

图 4-4-4　电平检测器

表 4-4-3　电平检测器的输出和发光二极管状态

u_i/V	$u_i > U_R(u_i = 2\ V, U_R = 1\ V)$	$u_i < U_R(u_i = -2\ V, U_R = 1\ V)$
u_o 测量值/V		
u_o 理论值/V		
D_R(亮或灭)		
D_G(亮或灭)		

4. 测温报警电路

测温报警电路如图 4-4-5 所示,由电桥、电压比较器 A、晶体管 T 和蜂鸣器 HA 构成,电桥电路中 R_1、R_2 和 R_3 为精密固定电阻,R_t 为热敏电阻,具有正的电阻温度系数 α,当温度为 0 ℃时,R_t 阻值为 51 Ω。当温度高于 0 ℃ 时,R_t 阻值增大,运算放大器两输入端 $u_- > u_+$,输出为 $-U_{o(sat)}$;当温度低于 0 ℃时,R_t 阻值减小,运算放大器两输入端 $u_- < u_+$,输出为 $+U_{o(sat)}$,发光二极管 LED 导通点亮,晶体管 T 饱和导通,蜂鸣器 HA 报警。根据表 4-4-4 给出的输入电压数据进行理论计算。连接实验线路,$R_1 = R_2 = R_3 = 51\ \Omega$,$R_4 = 2\ k\Omega$,$R_5 = 2\ k\Omega$,$\alpha = 4 \times 10^{-3}(1/℃)$,$U_{CC} = 12\ V$,测量实验数据,按表 4-4-4 的要求记录相关数据。

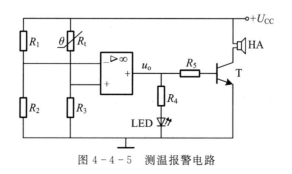

图 4-4-5　测温报警电路

表 4-4-4　测温报警电路测量结果

$T/℃$	$T>0\ ℃$	$T<0\ ℃$
R_t/Ω		
U_o/V		
LED(亮或灭)		
HA(是否报警)		

4.4.5　实验中的注意事项

(1)在连接实验线路时,注意区分芯片上各管脚功能,运算放大器的 4 管脚为负电源端,接 $-12\ V$ 稳压电源,7 管脚为正电源端,接 $+12\ V$ 稳压电源,正负稳压电源不能接反。

(2)在连接实验线路时,先将运算放大器接地端和电源地线相连,防止运算放大器器件损坏。

(3)电压比较器电路不需要连接反馈电路。

4.4.6　思考题

(1)从电路结构和传输特性两个方面,阐述运算放大器的非线性应用与线性应用的区别。

(2)将图 4-4-3 中电压比较器的参考电压 U_R 与输入电压 u_i 对调,则电压传输特性有何变化?

4.4.7　实验报告要求

(1)按照规范实验报告的要求撰写各部分内容。

(2)填写好实验中的测量数据,并完成相应参数的计算,并把测量值与理论值进行比较。

(3)在专用坐标纸上画出实验中数字示波器上的相应波形,要求清晰、整洁。

(4)回答思考题。

(5)写出实验结论。

(6)写出实验中遇到的问题及解决办法。

(7)写出实验的收获和体会。

4.5　集成运算放大器应用电路的设计

4.5.1　实验目的

(1)进一步理解运算放大器的工作特性及参数。

(2)根据运算放大器的传输特性,设计信号运算和处理方面的电路。

(3)掌握运算放大器电路的综合设计、制作和调试方法。

4.5.2　实验仪器与设备

(1)电工电子综合实验台。

(2)信号发生器。

(3)数字示波器。

(4)数字交流毫伏级电压表。

(5)数字万用表。

(6)自选的元器件。

4.5.3　实验任务

利用集成运算放大器等基本器件完成以下应用电路设计,直流工作电压为 ± 12 V,设计时需要考虑运算放大器输入端电阻的平衡问题。

1.依据集成运算放大器的线性工作特性设计信号的运算电路

(1)$u_o = -(2.5u_1 + 1.5u_2)$。

(2)$u_o = 2.5u_1 - 1.5u_2$。

(3)$u_o = 2.5u_1 + 1.5u_2$。

(4)$u_o = -10 \int u_i dt$

2.利用集成运算放大器的非线性工作特性实现信号处理功能

(1)设计一个波形变换电路,输入信号为正弦波,频率 $f = 1$ kHz,有效值 $U = 0.5$ V,输出信号为矩形波,频率不变、占空比为 $20\% \sim 80\%$ 可调,幅值为 $\pm U_{o(sat)}$。

(2)设计一个滞回比较器,参考电压为 $U_R = 2$ V,滞回量为 1 V。

3.利用集成运算放大器设计仪表,表头电阻为 $R = 100$ Ω,电流为 $I = 1$ mA。

(1)设计直流电压表,满量程为 6 V。

(2)设计直流电流表,满量程为 10 mA。

(3)设计交流电压表,满量程为 6 V,频率为 50 Hz $\sim$ 1 kHz。

(4)设计交流电流表,满量程为 10 mA。

4.利用集成运算放大器设计波形发生器

(1)设计三角波发生器,电压幅值为 $U_Z = \pm 3$ V,频率为 $f = 50$ Hz。

(2)设计矩形波发生器,电压幅值为 $U_Z = \pm 3$ V,频率为 $f = 50$ Hz。

4.5.4　实验报告要求

(1)按照规范实验报告的要求撰写各部分内容。

(2)要求有完整的实验设计过程,包括基本原理、实验电路和理论计算等。

(3)要求有完整的测试过程并记录实验数据,验证实验设计的正确性。

(4)写出实验的结论。

(5)写出实验中遇到的问题及解决办法。

(6)写出实验的收获和体会。

4.6 冲床保安电路

4.6.1 实验目的

(1)学习冲床保安电路的基本结构、工作原理和调试方法。
(2)理解光电器件的性能和作用。
(3)理解三极管的开关作用。
(4)理解寄存器的锁存作用。

4.6.2 实验仪器与设备

(1)电工电子综合实验台。
(2)信号发生器。
(3)数字示波器。
(4)数字交流毫伏级电压表。
(5)数字万用表。
(6)三相笼型异步交流电动机。
(7)光电二极管。

4.6.3 实验原理

在工业生产中,存在很多不安全因素,会危及生产人员的人身安全,因此,在用于生产的仪器和设备中需要设置保安电路,以减少危害的发生。冲床保安电路就是一种用于在生产过程中保障操作员人身安全的电路,如图4-6-1和4-6-2所示,由光电感应电路、基本RS触发器电路和冲床电机起停控制电路三部分构成。光电感应电路由光电二极管 D_1 和晶体管 T_1 构成,晶体管 T_1 起开关作用;基本RS触发器由或非门组成,由正脉冲触发,触发器具有记忆功能,起锁存作用;电机起停控制电路由晶体管 T_2 和继电接触器J构成,晶体管起开关作用,继电接触器J控制电机的起停。

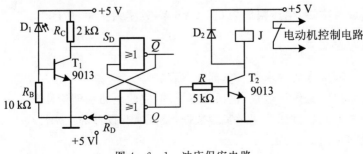

图4-6-1 冲床保安电路

1.光电二极管

光电器件在很多场合都有广泛的应用,例如显示、报警和控制作用,光电二极管是光电器件的一种,如图4-6-3所示,可以在冲床保安电路中实现电流控制作用。光电二极管利用

PN 结的光敏特性,将接收到光的强弱变化转换为电流的变化,当无光照的时候,反向电流很小,称为暗电流。当有光照时,产生反向电流,称为光电流,光照越强,光电流越大,常用的系列为 2AU 和 2CU 等。

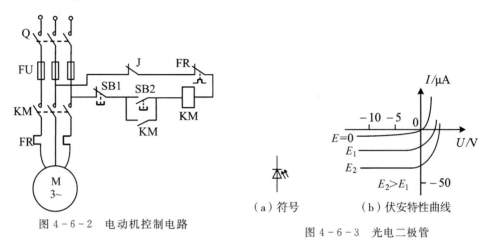

图 4 - 6 - 2　电动机控制电路

（a）符号　　（b）伏安特性曲线

图 4 - 6 - 3　光电二极管

2. 基本 RS 触发器

基本 RS 触发器是两个或非门交叉连接构成的双稳态触发器,如图 4 - 6 - 4 所示,触发器有两个稳定状态,具有记忆功能,相应的输入端分别为直接置位端 S_D 和直接复位端 R_D,高电平触发有效,逻辑状态表见表 4 - 6 - 1。基本 RS 触发器在冲床保安电路中起锁存作用。

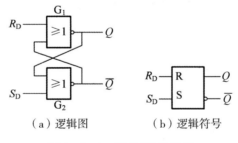

（a）逻辑图　　　　（b）逻辑符号

图 4 - 6 - 4　基本 RS 触发器

表 4 - 6 - 1　基本 RS 触发器状态表

R_D	S_D	Q_{n+1}
0	0	Q_n
0	1	1
1	0	0
1	1	$\times$

3. 工作原理

当操作员的手臂进入危险区时,遮挡光电二极管 D_1 的照射光线,其电流变为很小,晶体管 T_1 截止,输出端为高电平,S_D 为"1",将触发器 Q 置"1",使晶体管 T_2 饱和导通,继电接触器线圈通电,常闭触点断开,从而断开电机的控制电路,电机停转。当工作人员将手臂撤出危险区后,光电二极管 D_1 有光照,光电流变为较大,晶体管 T_1 饱和导通,S_D 为"0",当排除险情后,操作员需用复位键将 R_D 输入端和直流电源 $+5$ V 相连接,R_D 置"1",将触发器 Q 置"0",使晶体管 T_2 截止,继电接触器线圈断电,常闭触点闭合,电机恢复正常工作状态。

4.6.4　实验内容

根据冲床保安电路图的三个部分,如图 4-6-1 所示,光电感应电路、基本 RS 触发器电路和电机起停控制电路,分别连线和调试,然后再整体测试。

(1)调试光电感应电路,连接线路,接通电源,在有光照射下,测量晶体管 T_1 的集电极电位(正常情况下为低电平),用手臂遮挡光电二极管,测量晶体管 T_1 的集电极电位(正常情况下为高电平),对比测量结果和正常情况的电平值,判断光电感应电路是否正常工作,然后断电,调试完毕。

(2)调试基本 RS 触发器电路,连接线路,接通电源,按照基本 RS 触发器状态表,如果测试正确,可以断电,调试完毕。

(3)调试电机启停控制电路,连接线路,接通电源,当 Q 为"1"时,晶体管 T_2 饱和导通,继电接触器线圈 J 通电,常闭触点 J 断开,电机停车,起到保护作用;当 Q 为"0"时,晶体管 T_2 截止,继电接触器线圈 J 断电,常闭触点 J 闭合,电机可以正常运行。

(4)整体调试电路,接通电源,在光电二极管不被遮挡和被遮挡两种情况下,按表 4-6-2 要求测试相关数据,并观察电机的工作状态,记录在表格中。

表 4-6-2　冲床保安电路实验数据

D_1	S_D(逻辑状态)	Q(逻辑状态)	J 常闭触点(状态)	电机(状态)
不被遮挡				
被遮挡				

4.6.5　实验中的注意事项

(1)电路连接过程中,将电路的三个部分分别连接和调试,然后再整体调试,切勿将电路全部连接完毕再进行调试。

(2)在记录实验数据时,将电路输出的逻辑状态和具体物理量数值区分开,不能混淆。

(3)实验电路的一部分为电机电路,为强电实验,需要注意安全。

4.6.6　思考题

(1)光电二极管 D_1 的阴、阳极位置可否调换?说明原因。

(2)晶体管 T_1 和 T_2 在电路中如何起到开关作用?说明工作原理。

(3)触发器的输入端如果没有复位键,R_D 端始终输入高电平会如何?说明原因。

4.6.7　实验报告要求

(1)按照规范实验报告的要求撰写各部分内容。

(2)填写好实验中的测量数据,验证实验的正确性。

(3)回答思考题。

(4)写出实验结论。

(5)写出实验中遇到的问题及解决办法。

(6)写出实验的收获和体会。

4.7　直流恒流源电路的设计

4.7.1　实验目的

(1)学习晶体管和运算放大器等有源器件的电流控制作用。

(2)理解电流负反馈对输出电流的稳定作用。

(3)掌握负反馈放大电路的修改设计、制作和调试的方法。

4.7.2　实验仪器与设备

(1)电工电子综合实验台。

(2)信号发生器。

(3)数字示波器。

(4)数字交流毫伏级电压表。

(5)数字万用表。

(6)自选的元器件。

4.7.3　实验任务

利用晶体管或集成运算放大器等基本器件,设计一个具有电流负反馈功能的放大电路实现恒流输出。要求恒定电流范围为 5~20 mA,输出电压不超过 10 V,需要考虑选择合适的负载。

4.7.4　实验报告要求

(1)按照规范实验报告的要求撰写各部分内容。

(2)要求有完整的实验设计过程,包括基本原理、实验电路和理论计算等。

(3)要求有完整的测试过程并记录实验数据,验证实验设计的正确性。

(4)写出实验的结论。

(5)写出实验中遇到的问题及解决办法。

(6)写出实验的收获和体会。

4.8　烟雾报警器电路的设计

4.8.1　实验目的

(1)学习运算放大器信号处理的作用。

(2)掌握利用运算放大器等基本器件综合设计和调试电路的能力。

4.8.2 实验仪器与设备

(1)电工电子综合实验台。

(2)信号发生器。

(3)数字示波器。

(4)数字交流毫伏级电压表。

(5)数字万用表。

(6)自选的元器件。

4.8.3 实验任务

利用运算放大器等基本器件设计烟雾报警器电路。使用主要器件为运算放大器和气敏管,直流工作电压为±12 V,报警方式采用提示音和指示灯,在设计电路时需要考虑运算放大器输入端电阻的平衡问题。

4.8.4 实验报告要求

(1)按照规范实验报告的要求撰写各部分内容。

(2)要求有完整的实验设计过程,包括基本原理、实验电路和理论计算等。

(3)要求有完整的测试过程并记录实验数据,验证实验设计的正确性。

(4)写出实验的结论。

(5)写出实验中遇到的问题及解决办法。

(6)写出实验的收获和体会。

4.9 交流电网过压、欠压保护电路的设计

4.9.1 实验目的

(1)熟悉由运算放大器构成的比较器的工作原理。

(2)掌握比较器电路的设计方法。

(3)培养模拟电路综合设计、调试和实践能力。

4.9.2 实验仪器与设备

(1)电工电子综合实验台。

(2)数字万用表。

(3)自选的元器件。

4.9.3 实验任务

设计一个过电压、欠电压保护电路监视电网电压,当市电网电压高于 250 V 或低于 190 V 时(正常应为 220 V),立即给用电设备断电,停止工作,并用红色发光二极管进行报警;当电网电压恢复正常后,经 20～30 s 延时后再给用电设备供电,并用绿色发光二极管指示电路正常

工作。实验中,电网电压的变化可以用实验台的变压器的输出电压进行模拟。

4.9.4 实验报告要求

(1)按照规范实验报告的要求撰写各部分内容。
(2)要求有完整的实验设计过程,包括基本原理、实验电路和理论计算等。
(3)要求有完整的测试过程并记录实验数据,验证实验设计的正确性。
(4)写出实验的结论。
(5)写出实验中遇到的问题及解决办法。
(6)写出实验的收获和体会。

4.10 直流稳压电源

4.10.1 实验目的

(1)掌握直流稳压电源的组成和各组成部分的作用。
(2)掌握整流滤波电路的整流、滤波原理。
(3)掌握三端集成稳压器的使用方法。

4.10.2 实验仪器与设备

(1)电工电子综合实验台。
(2)信号发生器。
(3)数字示波器。
(4)数字交流毫伏级电压表。
(5)数字万用表。

4.10.3 实验原理

电子设备的稳定运行,需要电压稳定的直流电源,直流稳压电源是直流电源的主要电路元件之一,能够实现对交流电压的变压、整流、滤波和稳压等处理,输出为电压稳定的直流电,以供给电子设备的正常运行。其原理框图如图 4-10-1 所示,其描述了将交流电变换为直流电的过程中的变压、整流、滤波及稳压四个典型过程。

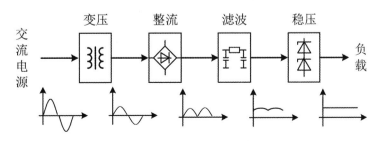

图 4-10-1 直流稳压电源的原理框图

1. 变压

利用变压器将电网中供应的 220 V/380 V 的交流电压转换为整流电路所需的电压等级，如 36 V/24 V/12 V/5 V 等，根据电子设备所需有所不同。

2. 整流

众所周知，交流电为周期变换电压，其特点为电路中电源电压的方向为周期性变换的，直流电为单向脉动电压，其电源电压的方向为固定不变的，整流电路是将交流电转换成单向脉动的直流电。主要有半波整流、全波整流和桥式整流，其中桥式整流电路是一种最常用的全波整流电路。

3. 滤波

经整流后，其输出的直流电仅是单向脉动直流电输出，需要经过滤波后才可得到较为平稳的直流电。例如，当单相桥式整流电路采用电容滤波时，在空载时的输出电压较高，可达 $U_o = 1.4U$，其中 U 为交流电的有效值；接负载电阻后，由于电容的放电，输出电压的数值降低至 $U_o = 1.2U$。

4. 稳压

在电子设备正常使用中，需要稳定的直流电压供应，以满足其设备要求。因此，为提高输出直流电的电源稳定性，需要在滤波电路后增加稳压电路，以避免因电路不稳定导致的电子设备输出错误或损坏等情况发生。常用的稳压电路有稳压管稳压电路和串联型稳压电路。稳压管稳压电路结构简单，但负载电压变化范围受到稳压管电压范围的限制，稳压范围小。而串联型稳压电源输出电压范围大，稳压效果好，但元件较多、电路较复杂，常见的是三端集成稳压器。

4.10.4 实验内容

1. 整流电路

(1)单相半波整流电路。

单相半波整流电路是最简单的整流电路，如图 4-10-2 所示，改变整流电路输入电压 U(u 的有效值)和负载 R_L，用直流电压表测量输出电压，记录实验结果到表 4-10-1 中。按表 4-10-1 改变输入电压的大小，用数字示波器观察整流电路输入、输出电压波形，将测得的波形绘制在专用坐标纸上，比较电压形状和幅值关系并记录。将测量值和理论计算值进行比较，分析误差，并观察测得的波形和理论分析的波形是否一致。

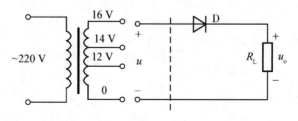

图 4-10-2 单相半波整流电路

表 4 - 10 - 1　单相半波整流电路的输出

U/V	R_L/Ω	U_o（测量值）/V	U_o（计算值）/V
12	51		
	100		
14	51		
	100		

（2）单相桥式整流电路。

利用单相桥式整流电路实现全波整流,其电路图如图 4 - 10 - 3 所示,包含有四个整流二极管,两个一组,每一组轮流导通。由于单相桥式整流电路的特殊结构保证了在输入电压的每一个半波都有输出,因此其输出直流电压平均值得到有效提高,并能降低由半波输出导致的脉动。

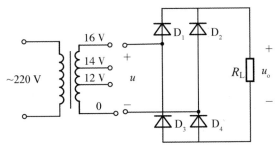

图 4 - 10 - 3　单相桥式整流电路

按表 4 - 10 - 2 改变整流电路输入电压 U（u 的有效值）和负载 R_L。用直流电压表测量输出电压,填入表 4 - 10 - 2 中。按表 4 - 10 - 2 改变输入电压的大小,用数字示波器观察整流电路输入、输出电压波形,将测得的波形绘制在专用坐标纸上,比较电压形状和幅值关系并记录。将测量值和理论计算值进行比较,分析误差,并观察测得的波形和理论分析的波形是否一致。

表 4 - 10 - 2　单相桥式整流电路的输出

U/V	R_L/Ω	U_o（测量值）/V	U_o（计算值）/V
12	51		
	100		
14	51		
	100		

2.滤波电路

单相桥式整流带电容滤波电路如图 4 - 10 - 4 所示,在单相桥式整流电路的负载端加滤波电容 C,注意电容极性。按表 4 - 10 - 3 所列整流电路输入电压 U（u 的有效值）和负载 R_L 之间不同组合,用直流电压表测量输出电压,填入表中。按表 4 - 10 - 3 改变输入电阻的大小,用数字示波器观察整流电路输入、输出电压波形,将测得的波形绘制在专用坐标纸上。比较电压形状和幅值关系并记录。将测量值和理论计算值进行比较,分析误差,并观察测得的波形和理论分析的波形是否一致。

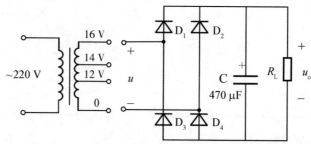

图 4-10-4　单相桥式整流带电容滤波电路

表 4-10-3　单相桥式整流带电容滤波电路的输出

U/V	R_L/Ω	U_o(测量值)/V	U_o(计算值)/V
	51		
14	100		
	∞		

3. 稳压电路

直流稳压电源如图 4-10-5 所示,稳压电路是直流稳压电源中虚线右侧部分。它由集成三端稳压器、输入端电容 C_i 和输出端电容 C_o 组成。C_i 用以抵消输入端较长接线的电感效应,防止自激振荡,接线不长时也可不用,C_i 一般在 $0.1\sim1\ \mu F$ 之间;C_o 是为了瞬时增减负载电流时,不致引起输出电压有较大波动,C_o 一般在 $0.1\sim100\ \mu F$ 之间。这里,$C_o=22\ \mu F$,$C=470\ \mu F$,不接输入端电容 C_i。需要注意 W7812 的管脚,其中管脚 1 为输入端、管脚 3 为公共端、管脚 2 为输出端。

(1)测试电源电压波动时的直流稳压电源的稳压系数 S_U 和电压调整率 S_D。

保持负载 $R_L=100\ \Omega$ 不变,按表 4-10-4 中给定的不同输入电压 U(u 的有效值),测量直流稳压电路的输入端电压 U_i 及输出电压 U_o,并且以表中 $U=14\ V$ 时的输出电压 U_o 为基准,计算稳压系数 S_U 和电压调整率 S_D。

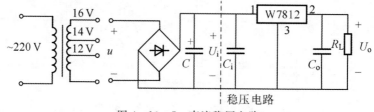

图 4-10-5　直流稳压电路

表 4-10-4　测试稳压系数 S_U 和电压调整率 S_D 的实验数据

U/V	12	14	16
U_i/V			
U_o/V			
$S_U=\dfrac{\Delta U_o}{U_o}\Big/\dfrac{\Delta U_i}{U_i}$			
$S_D=\dfrac{\Delta U_o}{U_o}\times100\%$			

(2)测试负载变化时的负载调整率 S_L 和输出电阻 r_o。保持输入电压 $U=14$ V 不变,按表 4-10-5 中所给定的不同负载电阻,测量稳压电路在负载变化时电路的输出电压。以表中 $R_L=100$ Ω时的输出电压 U_o 为基准,计算负载调整率 S_L 和输出电阻 r_o。

表 4-10-5　测试负载调整率 S_L 和输出电阻 r_o 的实验数据

U/V	14		
R_L/Ω	∞	100	51
U_i/V			
U_o/V			
$S_L=\dfrac{\Delta U_o}{U_o}\times100\%$			
$r_o=\dfrac{\Delta U_o}{\Delta I_o}$			

4.10.5　实验注意事项

(1)在了解数字示波器的使用方法之后再动手操作,在旋转各开关和按键时动作要轻,不要用力过猛,在操作过程中数字示波器不要频繁开关仪器电源,实验时输出端严禁短路。

(2)在测量整流电路输入电压时必须用交流电压表,而测量整流电路输出电压要用直流电压表。注意交、直电压表量程及挡位的转换。

(3)多台电子仪器同时使用时,应注意各仪器的"地"要连接到一起。

4.10.6　思考题

(1)如果单相桥式整流电路中整流二极管中的一个断路,结果怎样?
(2)将单相桥式整流电路中一个整流二极管短接,结果会如何?
(3)如何在不增加元器件的情况下,实现桥式整流电路中输出反向电压?

4.10.7　实验报告要求

(1)按照规范实验报告的要求撰写各部分内容。
(2)填写好实验中的测量数据,并完成相应参数的计算。
(3)在专用坐标纸上画出实验中数字示波器上的输入电压和输出电压响应波形,要求清晰、整洁。
(4)回答思考题。
(5)写出实验结论。
(6)写出实验中遇到的问题及解决办法。
(7)写出实验的收获和体会。

4.11　逻辑门电路及其应用

4.11.1　实验目的

(1)掌握各种集成逻辑门电路的逻辑功能和测试方法。

(2)理解异或门的工作原理。

(3)了解加法器等常用组合逻辑电路的工作原理。

4.11.2　实验仪器与设备

(1)电工电子综合实验台。

(2)数字万用表。

4.11.3　实验原理

在数字逻辑电路中,与非门、或非门和异或门是应用较为普遍的逻辑门电路。加法器和奇校验器是经常用到的基本逻辑电路。

1. 与非门

与非门的逻辑符号如图 4-11-1 所示,逻辑状态表见表 4-11-1,逻辑关系式如下:

$$Y = \overline{A \cdot B} \tag{4-11-1}$$

表 4-11-1　与非门逻辑状态表

输　入		输　出
A	B	Y
0	0	1
0	1	1
1	0	1
1	1	0

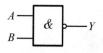

图 4-11-1　与非门逻辑符号

2. 或非门

或非门的逻辑符号如图 4-11-2 所示,逻辑状态表见表 4-11-2,逻辑关系式如下:

$$Y = \overline{A + B} \tag{4-11-2}$$

表 4-11-2　或非门逻辑状态表

输　入		输　出
A	B	Y
0	0	1
0	1	0
1	0	0
1	1	0

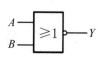

图 4-11-2　或非门逻辑符号

3. 异或门

异或门的逻辑符号如图 4-11-3 所示,逻辑状态表见表 4-11-3,逻辑关系式如下:

$$Y = A \cdot \overline{B} + \overline{A} \cdot B \qquad (4-11-3)$$

表 4-11-3　异或门逻辑状态表

输　入		输　出
A	B	Y
0	0	0
0	1	1
1	0	1
1	1	0

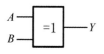

图 4-11-3　异或门逻辑符号

4. 半加器

半加器是能完成两个一位二进制数加法的逻辑电路,当它做加法时只考虑本位和,不考虑从低位来的进位,因此适于做最低位的加法计算。A、B 为待加数,S 为半加和,C 为向高一位的进位。半加器逻辑图及其逻辑符号如图 4-11-4 所示,逻辑状态表见表 4-11-4。

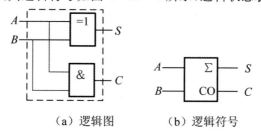

（a）逻辑图　　　　（b）逻辑符号

图 4-11-4　半加器逻辑图及其逻辑符号

表 4-11-4　半加器逻辑状态表

输　入		输　出	
A	B	C	S
0	0	0	0
0	1	0	1
1	0	0	1
1	1	1	0

半加器本位和的逻辑表达式如下:

$$S = A \oplus B \qquad (4-11-4)$$

半加器向高一位的进位的逻辑表达式如下:

$$C = A \cdot B \qquad (4-11-5)$$

5. 全加器

全加器与半加器的区别在于不仅要考虑本位和,还要考虑从低位来的进位,所以适于做高位的加法计算。A_i、B_i 为待加数,C_{i-1} 为低一位来的进位;S_i 为半加和,C_i 为向高一位的进位。

全加器逻辑图及其逻辑符号如图 4-11-5 所示,逻辑状态表见表 4-11-5。

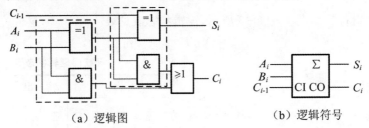

（a）逻辑图　　　　　　　　（b）逻辑符号

图 4-11-5　全加器逻辑图及其逻辑符号

全加器本位和的逻辑表达式如下:

$$S_i = A_i \oplus B_i \oplus C_{i-1} \tag{4-11-6}$$

全加器向高一位的进位的逻辑表达式如下:

$$C_i = (A_i \oplus B_i) \cdot C_{i-1} + A_i \cdot B_i \tag{4-11-7}$$

表 4-11-5　全加器逻辑状态表

输　入			输　出	
A_i	B_i	C_{i-1}	C_i	S_i
0	0	0	0	0
0	0	1	0	1
0	1	0	0	1
0	1	1	1	0
1	0	0	0	1
1	0	1	1	0
1	1	0	1	0
1	1	1	1	1

6.奇校验器

当数据在传送或交换过程中,有时可能发生错误。检验其是否发生错误的一种方法是进行奇偶校验,而能够完成对数据中“1”的总个数是奇数还是偶数进行检验的电路称为奇偶校验器。奇校验器逻辑电路图如图 4-11-6 所示,逻辑状态表见表 4-11-6。

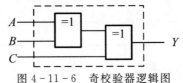

图 4-11-6　奇校验器逻辑图

表 4-11-6　奇校验器逻辑状态表

输　入			输　出
A	B	C	Y
0	0	0	0
0	0	1	1

续表

输　　入			输　出
A	B	C	Y
0	1	0	1
0	1	1	0
1	0	0	1
1	0	1	0
1	1	0	0
1	1	1	1

奇校验器的逻辑表达式如下：

$$Y = A \oplus B \oplus C \qquad\qquad (4-11-8)$$

4.11.4　实验内容

1. 与非门电路功能测试

与非门测试电路如图 4-11-7 所示，集成与非门可选 74LS00（四 2 输入与非门）和 74LS20（双 4 输入与非门），根据表 4-11-7 中给出的输入状态，测试与非门的输出状态填入表 4-11-7 中。当输入信号 $A=0$ 时，对应 A 点电位 $V_A=0$ V；当 $A=1$ 时，对应 A 点电位 $V_A=+5$ V（B 点同理）。用逻辑电平开关输入逻辑组合，用逻辑电平显示电路显示逻辑状态，发光二极管亮为逻辑状态"1"，灭为逻辑状态"0"。在输出端不接发光二极管和接发光二极管两种情况下，分别测试与非门输出电位 V_Y，测试结果填入表 4-11-7 中。

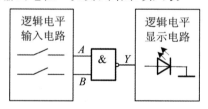

图 4-11-7　与非门测试电路

表 4-11-7　**与非门逻辑状态测试表**

输　　入		输　　出		
A	B	Y	不接发光二极管时的电位 V_Y/V	接发光二极管时的电位 V_Y/V
0	0			
0	1			
1	0			
1	1			

2. 或非门电路功能测试

或非门测试电路如图 4-11-8 所示，集成或非门可选 74LS02（四 2 输入或非门），根据表 4-11-8 中给出的输入状态，测试或非门的输出状态填入表 4-11-8 中。

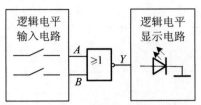

图 4 - 11 - 8　或非门测试电路

表 4 - 11 - 8　**或非门逻辑状态测试表**

输　入		输　出		
A	B	Y	不接发光二极管时的电位 V_Y/V	接发光二极管时的电位 V_Y/V
0	0			
0	1			
1	0			
1	1			

当输入信号 $A=0$ 时,对应 A 点电位 $V_A=0$ V;当 $A=1$ 时,对应 A 点电位 $V_A=+5$V(B 点同理)。用逻辑电平开关输入逻辑组合,用逻辑电平显示电路显示逻辑状态,发光二极管亮为逻辑状态"1",灭为逻辑状态"0"。在输出端不接发光二极管和接发光二极管两种情况下,分别测试或非门输出电位 V_Y,测试结果填入表 4 - 11 - 8 中。

3.异或门电路功能测试

异或门测试电路如图 4 - 11 - 9 所示,集成门可选 74LS86(四 2 输入异或门),根据表 4 - 11 - 9 中给出的输入状态,测试异或门的输出状态填入表 4 - 11 - 9 中。当输入信号 $A=0$ 时,对应 A 点电位 $V_A=0$ V;当 $A=1$ 时,对应 A 点电位 $V_A=+5$ V(B 点同理)。用逻辑电平开关输入逻辑组合,用逻辑电平显示电路显示逻辑状态,发光二极管亮为逻辑状态"1",灭为逻辑状态"0"。在输出端不接发光二极管和接发光二极管两种情况下,分别测试异或门输出电位 V_Y,测试结果填入表 4 - 11 - 9 中。

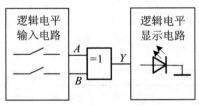

图 4 - 11 - 9　异或门测试电路

表 4 - 11 - 9　**异或门逻辑状态测试表**

输　入		输　出		
A	B	Y	不接发光二极管时的电位 V_Y/V	接发光二极管时的电位 V_Y/V
0	0			
0	1			
1	0			
1	1			

4.半加器逻辑功能验证

半加器逻辑功能测试电路如图 4-11-10 所示。

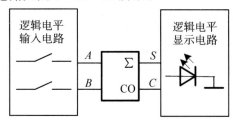

图 4-11-10　半加器逻辑功能测试电路

根据表 4-11-4 的半加器逻辑状态表,验证半加器逻辑功能填入自拟表格中,只验证逻辑关系,不测试输出端电压。

5.全加器逻辑功能验证

全加器逻辑功能测试电路如图 4-11-11 所示,根据表 4-11-5 的全加器逻辑状态表,验证全加器逻辑功能填入自拟表格中,只验证逻辑关系,不测试输出端电压。

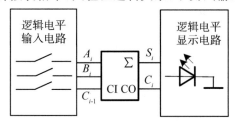

图 4-11-11　全加器逻辑功能测试电路

6.奇校验器逻辑功能验证

奇校验器逻辑功能测试电路如图 4-11-12 所示,根据表 4-11-6 的奇校验器逻辑状态表,验证奇校验器逻辑功能填入自拟表格中,只验证逻辑关系,不测试输出端电压。

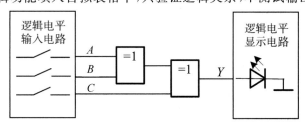

图 4-11-12　奇校验器逻辑功能测试电路

4.11.5　实验中的注意事项

(1)集成芯片的电源电压不能接错,芯片不允许自行插拔。

(2)注意区分集成芯片型号及各引脚的功能,不要忘记接地管脚接地;发光二极管不要接反。

4.11.6　思考题

(1)与非门和或非门中不使用的输入引脚应如何处理?

(2)实验中给出的是三位奇校验电路,如果是四位奇校验器将如何设计? 写出逻辑表达式,画出电路图标明引脚号。

(3)2 输入与非门的 A 输入端如果接连续脉冲,当 B 输入端是什么状态时,A 端的连续脉冲信号才能传送到输出端?

(4)有如下芯片:四 2 输入与非门,四 2 输入异或门,"四"和"2"代表什么意思?

(5)实验中可否用 74LS00 代替 74LS08 实现半加器的功能? 为什么?

4.11.7　实验报告要求

(1)按照规范实验报告的要求撰写各部分内容。

(2)填写好实验中的测量数据。

(3)回答思考题。

(4)写出实验结论。

(5)写出实验中遇到的问题及解决办法。

(6)写出实验的收获和体会。

4.12　智能裁判电路的设计

4.12.1　实验目的

(1)熟悉集成逻辑门电路的逻辑功能。

(2)掌握利用组合逻辑电路实现一般逻辑功能的设计方法。

(3)培养数字逻辑电路的综合设计、调试和实践能力。

4.12.2　实验仪器与设备

(1)电工电子综合实验台。

(2)数字万用表。

(3)自选的元器件。

4.12.3　实验任务

利用集成逻辑门电路设计一个智能裁判电路,裁判人数不少于 3 人且为奇数,即输入端不少于 3 个。每个裁判有 1 个按键,当裁判赞成时按下按键,相当于输入端有按键信号生效,这时对应裁判的指示灯显示,最终表决结果用总指示灯显示,如果多数赞成,则总指示灯亮,反之则不亮。本实验设计要求用组合逻辑电路实现。

4.12.4　实验报告要求

(1)按照规范实验报告的要求撰写各部分内容。

(2)要求有完整的实验设计过程,包括基本原理、实验电路和理论计算等。

(3)要求有完整的测试过程并记录实验数据,验证实验设计的正确性。

(4)写出实验的结论。

(5)写出实验中遇到的问题及解决办法。

(6)写出实验的收获和体会。

4.13　触发器及其应用电路

4.13.1　实验目的

(1)熟悉基本 RS 触发器的组成及工作原理。

(2)熟悉 JK 触发器和 D 触发器的逻辑功能和触发方式。

(3)掌握各触发器之间逻辑关系及其相互转换原理。

(4)掌握各触发器逻辑功能的测试方法。

4.13.2　实验仪器与设备

(1)电工电子综合实验台。

(2)数字示波器。

(3)数字万用表。

4.13.3　实验原理

双稳态触发器具有两个稳定的状态:"1"态和"0"态,在外界信号作用下,可以从一个稳定状态翻转到另一个稳定状态,它是一个具有记忆功能的二进制信息存储器件,是构成各种时序逻辑电路的最基本逻辑单元。

1.基本 RS 触发器

由两个与非门交叉连接构成的基本 RS 触发器如图 4-13-1 所示,它是无时钟控制的低电平直接触发的触发器,具有置 0、置 1 及保持三种状态,其逻辑状态表见表 4-13-1(基本 RS 触发器也可用两个或非门组成,此时高电平触发有效)。

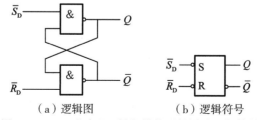

（a）逻辑图　　　　（b）逻辑符号

图 4-13-1　基本 RS 触发器的逻辑图及逻辑符号

2.JK 触发器

JK 触发器是功能完善、使用灵活、通用性较强的触发器。本实验采用 74LS112 双 JK 触发器,是下降沿触发的边沿触发器。其引脚排列及逻辑符号如图 4-13-2 所示,逻辑状态表见表 4-13-2。

表 4-13-1　基本 RS 触发器的逻辑状态表

$\bar{S}_D$	$\bar{R}_D$	Q
0	0	不定
0	1	1
1	0	0
1	1	保持

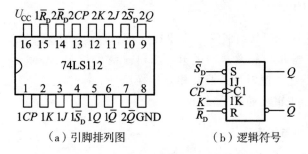

（a）引脚排列图　　　（b）逻辑符号

图 4-13-2　JK 触发器引脚排列及逻辑符号

表 4-13-2　JK 触发器的逻辑状态表

输　入					输　出
$\bar{S}_D$	$\bar{R}_D$	CP	J	K	Q_{n+1}
0	1	×	×	×	1
1	0	×	×	×	0
0	0	×	×	×	不定
1	1	↓	0	0	Q_n
1	1	↓	0	1	0
1	1	↓	1	0	1
1	1	↓	1	1	$\bar{Q}_n$
1	1	↑	×	×	Q_n

注：×—任意态；↓—高到低电平跳变；↑—低到高电平跳变；Q_n—现态；Q_{n+1}—次态。

3. D 触发器

在输入信号为单端的情况下，D 触发器用起来最为方便。其输出状态的更新发生在时钟脉冲的上升沿，故又称为上升沿触发的边沿触发器。D 触发器的应用很广，可用作数字信号的寄存、移位寄存、分频和波形产生等。有多种 D 触发器的型号可供选择，如双 D74LS74、四 D74LS175 和六 D74LS174 等。图 4-13-3 所示为双 D74LS74 的引脚排列及逻辑符号，逻辑状态表见表 4-13-3。

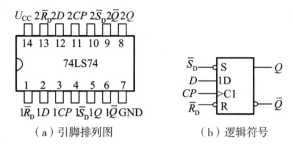

（a）引脚排列图　　　　（b）逻辑符号

图 4 - 13 - 3　D 触发器引脚排列及逻辑符号

表 4 - 13 - 3　**D 触发器逻辑状态表**

输　入				输　出
$\overline{S}_D$	$\overline{R}_D$	CP	D	Q_{n+1}
0	1	$\times$	$\times$	1
1	0	$\times$	$\times$	0
0	0	$\times$	$\times$	不定
1	1	$\uparrow$	0	0
1	1	$\uparrow$	1	1
1	1	$\downarrow$	$\times$	Q_n

4.触发器之间相互转换

(1)JK 触发器转换为 D 触发器,电路图如图 4 - 13 - 4 所示。

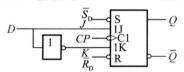

图 4 - 13 - 4　JK 触发器转换为 D 触发器

(2)JK 触发器转换为 T 触发器,电路图如图 4 - 13 - 5 所示,T 触发器的逻辑状态表见表 4 - 13 - 4。

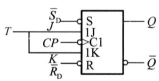

图 4 - 13 - 5　JK 触发器转换为 T 触发器

表 4 - 13 - 4　**T 触发器的逻辑状态表**

T	Q_{n+1}
0	Q_n
1	$\overline{Q}_n$

(3)D 触发器转换为 T' 触发器，如图 4 - 13 - 6 所示。

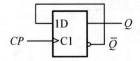

图 4 - 13 - 6　D 触发器转换为 T′触发器

T′触发器逻辑关系式

$$Q_{n+1} = \overline{Q}_n \tag{4-13-1}$$

4.13.4　实验内容

1.基本 RS 触发器的逻辑功能测试

按图 4 - 13 - 1 所示，用 74LS00 中的两个与非门组成基本 RS 触发器，输入端 $\overline{S}_D$、$\overline{R}_D$ 接到逻辑电平开关上，手动开关改变其逻辑状态。输出端 Q、$\overline{Q}$ 接到逻辑电平显示电路上（发光二极管），用发光二极管的亮灭显示触发器的输出逻辑状态。基本 RS 触发器的逻辑功能测试表见表 4 - 13 - 5。

表 4 - 13 - 5　**基本 RS 触发器的逻辑功能测试表**

$\overline{R}_D$	$\overline{S}_D$	Q_n	Q_{n+1}
1	1	0	
1	1	1	
1	0	0	
1	0	1	
0	1	0	
0	1	1	
0	0	0	
0	0	1	

2.JK 触发器的逻辑功能测试

取双 JK 触发器 74LS112 中任意一个（例如第一个）进行测试。JK 触发器测试电路如图 4 - 13 - 7所示，J、K、$\overline{S}_D$、$\overline{R}_D$ 输入端接到逻辑电平开关上，输出端接到逻辑电平显示电路（发光二极管）上，CP 接手动单脉冲。

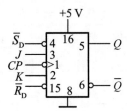

图 4 - 13 - 7　JK 触发器测试电路

(1)测试直接置位 $\overline{S}_D$、直接复位 $\overline{R}_D$ 功能。

利用开关改变 $\overline{S}_D$、$\overline{R}_D$ 状态，J、K、CP 状态任意。并在 $\overline{S}_D=0(\overline{R}_D=1)$ 或 $\overline{R}_D=0(\overline{S}_D=1)$ 作用期间任意改变 J、K 及 CP 的状态，观察 Q、$\overline{Q}$ 的状态。JK 触发器直接置位 $\overline{S}_D$、直接复位 $\overline{R}_D$ 功能测试表见表 4-13-6。

表 4-13-6　JK 触发器直接置位 $\overline{S}_D$、直接复位 $\overline{R}_D$ 功能测试表

输　入					输　出 Q_{n+1}	
J	K	$\overline{R}_D$	$\overline{S}_D$	CP	$Q_n=0$	$Q_n=1$
$\times$	$\times$	1	1	0→1		
				1→0		
$\times$	$\times$	1	0	0→1		
				1→0		
$\times$	$\times$	0	1	0→1		
				1→0		
$\times$	$\times$	0	0	0→1		
				1→0		

注：CP 由 0→1 为上升沿；CP 由 1→0 为下降沿；$\times$ 为任意状态。

(2)测试 JK 触发器输入和输出的逻辑关系。JK 触发器测试电路如图 4-13-7 所示，JK 触发器输入和输出逻辑关系测试表见表 4-13-7。

按表 4-13-7 的要求改变 J、K、CP 端逻辑状态，观察 Q、$\overline{Q}$ 状态变化，注意观察触发器状态更新是否发生在 CP 脉冲的下降沿（即 CP 由 1→0），并记录。

表 4-13-7　JK 触发器输入和输出逻辑关系测试表

输　入					输　出 Q_{n+1}	
J	K	$\overline{R}_D$	$\overline{S}_D$	CP	$Q_n=0$	$Q_n=1$
0	0	1	1	0→1		
				1→0		
0	1	1	1	0→1		
				1→0		
1	0	1	1	0→1		
				1→0		
1	1	1	1	0→1		
				1→0		

3.D 触发器的逻辑功能测试

取双 D74LS74 触发器中任意一个进行测试。根据图 4-13-3 所示 D 触发器的引脚排列连接电路。D、$\overline{S}_D$、$\overline{R}_D$ 输入端接到逻辑电平开关上，输出端接到逻辑电平显示电路（发光二极管）上，CP 接手动单脉冲。

(1)测试直接置位 $\overline{S}_D$、直接复位 $\overline{R}_D$ 功能。

利用开关改变 $\overline{S}_D$、$\overline{R}_D$ 状态，D、CP 状态任意。并在 $\overline{S}_D=0(\overline{R}_D=1)$ 或 $\overline{R}_D=0(\overline{S}_D=1)$ 作用

期间任意改变 D 及 CP 的状态,观察 Q、$\bar{Q}$ 的状态。D 触发器直接置位 $\bar{S}_\mathrm{D}$、直接复位 $\bar{R}_\mathrm{D}$ 功能测试表见表 4-13-8。

表 4-13-8   D 触发器直接置位 $\bar{S}_\mathrm{D}$、直接复位 $\bar{R}_\mathrm{D}$ 功能测试表

输　入				输　出 Q_{n+1}	
D	$\bar{R}_\mathrm{D}$	$\bar{S}_\mathrm{D}$	CP	$Q_n=0$	$Q_n=1$
$\times$	1	1	$0\rightarrow1$		
			$1\rightarrow0$		
$\times$	1	0	$0\rightarrow1$		
			$1\rightarrow0$		
$\times$	0	1	$0\rightarrow1$		
			$1\rightarrow0$		
$\times$	0	0	$0\rightarrow1$		
			$1\rightarrow0$		

(2)测试 D 触发器输入和输出的逻辑关系。按表 4-13-9 的要求改变 D、CP 端状态,观察 Q、$\bar{Q}$ 状态变化,注意观察触发器状态更新是否发生在 CP 脉冲的上升沿(即 CP 由 $0\rightarrow1$),并记录。

表 4-13-9   D 触发器逻辑功能测试表

D	CP	Q_{n+1}	
		$Q_n=0$	$Q_n=1$
0	$0\rightarrow1$		
	$1\rightarrow0$		
1	$0\rightarrow1$		
	$1\rightarrow0$		

4.触发器之间的转换测试

(1)将 JK 触发器的 J、K 连在一起,构成 T 触发器。在 CP 端输入 1 kHz 连续脉冲信号,用数字示波器观察 $J=K=0$ 和 $J=K=1$(此时为 T 触发器)两种输入下的 CP 和 Q 的波形。注意观察 CP 和 Q 波形的相位关系,在专用坐标纸上绘出 CP 和 Q 的波形,总结 T 触发器逻辑功能。

(2)将 D 触发器的 $\bar{Q}$ 端与 D 端相连,构成 T' 触发器。在 CP 端输入 1 kHz 连续脉冲信号,用数字示波器观察 CP 和 Q 的波形。注意观察 CP 和 Q 波形的相位关系,在专用坐标纸上绘出 CP 和 Q 的波形。与 JK 触发器构成 T 触发器对比,总结有何异同。

4.13.5 实验中的注意事项

(1)在插接集成芯片时,注意定位标记,不得插反。

(2)电源电压为 +5 V,注意电源极性不得接错。

(3)注意直接复位端和直接置位端,只在复位或置位时使用,使用后正常应接高电平。

4.13.6　思考题

(1)D 触发器(74LS74)和 JK 触发器(74LS112)的触发方式有何不同?

(2)为什么直接复位端和直接置位端,只在复位或置位时使用,使用后正常应接高电平?如果在触发器工作过程中直接复位端 $\bar{R}_D=0$,触发器的状态如何变化?

4.13.7　实验报告要求

(1)按照规范实验报告的要求撰写各部分内容。

(2)填写好实验中的测量数据。

(3)在专用坐标纸上画出实验中数字示波器上的相应波形,要求清晰、整洁。

(4)回答思考题。

(5)写出实验结论。

(6)写出实验中遇到的问题及解决办法。

(7)写出实验的收获和体会。

4.14　任意进制计数器的设计

4.14.1　实验目的

(1)熟悉 JK 触发器的工作原理。

(2)掌握利用时序逻辑电路实现一般逻辑功能的设计方法。

(3)培养数字逻辑电路的综合设计、调试和实践能力。

4.14.2　实验仪器与设备

(1)电工电子综合实验台。

(2)数字万用表。

(3)自选的元器件。

4.14.3　实验任务

利用 JK 触发器设计一个任意进制计数器,如五进制、七进制、九进制异步加法计数器等。要求计数脉冲为 1 s,计数过程由半导体数码管显示。

4.14.4　实验报告要求

(1)按照规范实验报告的要求撰写各部分内容。

(2)要求有完整的实验设计过程,包括基本原理、实验电路和理论计算等。

(3)要求有完整的测试过程并记录实验数据,验证实验设计的正确性。

(4)写出实验的结论。

(5)写出实验中遇到的问题及解决办法。

(6)写出实验的收获和体会。

4.15　多地控制系统的设计

4.15.1　实验目的

(1)熟悉集成逻辑门电路的逻辑功能。

(2)掌握利用组合逻辑电路实现一般逻辑功能的设计方法。

(3)培养数字逻辑电路的综合设计、调试和实践能力。

4.15.2　实验仪器与设备

(1)电工电子综合实验台。

(2)数字万用表。

(3)自选的元器件。

4.15.3　实验任务

利用集成逻辑门电路设计一个多地控制系统电路,控制地点不少于 3 个,即输入端不少于 3 个,控制结果用一个指示灯表示。假如控制地点有 3 个,每个控制地点各有一个开关,都能独立进行控制;任意闭合一个开关,相当于输入端有控制信号生效,这时指示灯亮;若任意闭合两个开关则指示灯灭;三个开关同时闭合,指示灯亮;当三个开关都断开时,指示灯灭。本实验设计要求用组合逻辑电路实现。

4.15.4　实验报告要求

(1)按照规范实验报告的要求撰写各部分内容。

(2)要求有完整的实验设计过程,包括基本原理、实验电路和理论计算等。

(3)要求有完整的测试过程并记录实验数据,验证实验设计的正确性。

(4)写出实验的结论。

(5)写出实验中遇到的问题及解决办法。

(6)写出实验的收获和体会。

4.16　身份识别门禁系统的设计

4.16.1　实验目的

(1)熟悉集成逻辑门电路的逻辑功能。

(2)掌握利用组合逻辑电路实现一般逻辑功能的设计方法。

(3)培养数字逻辑电路的综合设计、调试和实践能力。

4.16.2　实验仪器与设备

(1)电工电子综合实验台。

(2)数字万用表。

(3)自选的元器件。

4.16.3　实验任务

利用集成逻辑门电路设计一个身份识别门禁系统电路,假设人的身份为 2 种,门禁卡为 3 类,控制结果用一个指示灯表示。每种身份各有与自己身份相符的门禁卡(身份 1 对应的门禁卡编码为"01",身份 2 对应的门禁卡编码为"10"),还有一个万能卡(编码为"11")。当人的身份和门禁卡相符时,才能进入,这时指示灯亮;当人的身份和门禁卡不符时,不能进入,指示灯灭;2 种身份的人用万能卡,都能进入,指示灯亮。本实验设计要求用组合逻辑电路实现。

4.16.4　实验报告要求

(1)按照规范实验报告的要求撰写各部分内容。

(2)要求有完整的实验设计过程,包括基本原理、实验电路和理论计算等。

(3)要求有完整的测试过程并记录实验数据,验证实验设计的正确性。

(4)写出实验的结论。

(5)写出实验中遇到的问题及解决办法。

(6)写出实验的收获和体会。

4.17　定时控制器的设计

4.17.1　实验目的

(1)熟悉常用计数器的工作原理和利用其构成任意进制计数器的方法。

(2)熟悉脉冲发生电路的工作原理。

(3)掌握利用时序逻辑电路实现一般逻辑功能的设计方法。

(4)培养数字逻辑电路的综合设计、调试和实践能力。

4.17.2　实验仪器与设备

(1)电工电子综合实验台。

(2)数字万用表。

(3)自选的元器件。

4.17.3　实验任务

利用 555 定时器和自选的计数器设计一个定时控制器电路,定时控制时间及显示范围是 $0 \sim 23$ h 59 min 59 s。要求利用 555 定时器设计脉冲发生电路,频率为 100 Hz,采用分频原理使之产生秒脉冲。利用自选的计数器构成所需进制的减法计数器。在选择设定时间时,可以用 2 Hz 的脉冲进行设定,定时过程中由半导体数码管显示时间,定时结束时(即计数器为 0

时)发出声光提示。

4.17.4　实验报告要求

(1)按照规范实验报告的要求撰写各部分内容。

(2)要求有完整的实验设计过程,包括基本原理、实验电路和理论计算等。

(3)要求有完整的测试过程并记录实验数据,验证实验设计的正确性。

(4)写出实验的结论。

(5)写出实验中遇到的问题及解决办法。

(6)写出实验的收获和体会。

4.18　水箱水位报警系统的设计

4.18.1 实验目的

(1)熟悉 555 定时器的工作原理。

(2)掌握利用时序逻辑电路实现一般逻辑功能的设计方法。

(3)培养数字逻辑电路的综合设计、调试和实践能力。

4.18.2　实验仪器与设备

(1)电工电子综合实验台。

(2)数字万用表。

(3)自选的元器件。

4.18.3　实验任务

利用 555 定时器设计一个水箱水位声光报警系统。要求在水位正常情况下,蜂鸣器不发音;当水位下降到规定水位以下时,由 555 定时器组成的多谐振荡器产生一个频率为 1 kHz 的脉冲波来起动蜂鸣器发出声音报警,同时指示灯亮。

4.18.4　实验报告要求

(1)按照规范实验报告的要求撰写各部分内容。

(2)要求有完整的实验设计过程,包括基本原理、实验电路和理论计算等。

(3)要求有完整的测试过程并记录实验数据,验证实验设计的正确性。

(4)写出实验的结论。

(5)写出实验中遇到的问题及解决办法。

(6)写出实验的收获和体会。

4.19　编码器和译码器

4.19.1　实验目的

(1)掌握译码器、编码器的工作原理和特点。

(2)熟悉译码器、编码器构成的应用电路。

4.19.2　实验仪器与设备

(1)电工电子综合实验台。

(2)数字示波器。

(3)数字万用表。

4.19.3　实验原理

编码器和译码器是一类多输入、多输出的组合逻辑电路。

编码器是将信号或数据进行编制、转换为二进制代码的电路。由于一位二进制数可表示两种状态"0""1"。两位二进制可表示四种状态,所以编码器常用的有 4/2 线编码器、8/3 线编码器、16/4 线编码器及将十进制编成二进制码的二-十进制编码器。

译码是编码的反过程。译码器是将给定的代码按原意进行"翻译",变成相应的状态,使输出通道中相应的一路有信号输出。常用的译码器有 2/4 线译码器、3/8 线译码器、4/16 线译码器及可以与数码显示相配合的二-十进制显示译码器。

1.编码器

编码就是用数字或某种文字和符号来表示某一对象或信号的过程,在数字电路中,一般用的是二进制编码。可以将若干个数码 0 和 1 按一定规律编排起来组成不同的代码来表示某一对象或信号。二-十进制编码器是将十进制的十个数码 0、1、2、3、4、5、6、7、8、9 编成二进制代码的电路,输入的是 0~9 十个数码,输出的是对应的四位二进制代码。

74LS147 型 10/4 线优先编码器的应用较为广泛,其编码表见 4-19-1。输入变量分别为 $\bar{I}_1 \sim \bar{I}_9$,输出变量分别为 $\bar{Y}_0 \sim \bar{Y}_3$,它们都是反变量。输入的反变量对低电平有效,即当有信号时输入为"0"。输出的反变量组成反码,对应于 0~9 十个十进制数码。例如表中第一行,所有输入端无信号,输出的不是十进制数码 0 对应的二进制数"0000",而是其反码"1111"。输入信号优先权的次序为 $\bar{I}_9 \sim \bar{I}_1$。当 $\bar{I}_9 = 0$ 时,无论其他输入端是"0"还是"1"(表中"×"表示任意态),输出端只对 $\bar{I}_9$ 编码,输出为"0110"(原码为"1001")。当 $\bar{I}_9 = 1$,$\bar{I}_8 = 0$ 时,无论其他输入端为何值,输出端只对 $\bar{I}_8$ 编码,输出为"0111"(原码为"1000"),依次类推。74LS147 管脚排列图如图 4-19-1 所示。

表 4-19-1　74LS147 型优先编码器的逻辑功能表

输　　入									输　　出			
$\bar{I}_9$	$\bar{I}_8$	$\bar{I}_7$	$\bar{I}_6$	$\bar{I}_5$	$\bar{I}_4$	$\bar{I}_3$	$\bar{I}_2$	$\bar{I}_1$	$\bar{Y}_3$	$\bar{Y}_2$	$\bar{Y}_1$	$\bar{Y}_0$
1	1	1	1	1	1	1	1	1	1	1	1	1

续表

输入									输出			
$\overline{I}_9$	$\overline{I}_8$	$\overline{I}_7$	$\overline{I}_6$	$\overline{I}_5$	$\overline{I}_4$	$\overline{I}_3$	$\overline{I}_2$	$\overline{I}_1$	$\overline{Y}_3$	$\overline{Y}_2$	$\overline{Y}_1$	$\overline{Y}_0$
0	×	×	×	×	×	×	×	×	0	1	1	0
1	0	×	×	×	×	×	×	×	0	1	1	1
1	1	0	×	×	×	×	×	×	1	0	0	0
1	1	1	0	×	×	×	×	×	1	0	0	1
1	1	1	1	0	×	×	×	×	1	0	1	0
1	1	1	1	1	0	×	×	×	1	0	1	1
1	1	1	1	1	1	0	×	×	1	1	0	0
1	1	1	1	1	1	1	0	×	1	1	0	1
1	1	1	1	1	1	1	1	0	1	1	1	0

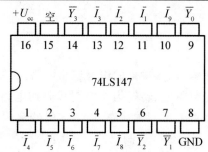

图 4-19-1　74LS147 管脚排列

2.译码器

译码是编码的逆过程,在编码时,每一种二进制代码,都赋予了特定的含义,即都表示了一个确定的对象或信号。把代码状态的特定含义"翻译"出来的过程叫做译码,译码器是可以将输入二进制代码的状态翻译成输出信号,以表示其原来含义的电路。译码器可以分为通用译码器和显示译码器两大类。

(1)二进制译码器。74LS138 译码器的管脚排列图如图 4-19-2 所示,它的逻辑功能表见表 4-19-2。其中 A_2、A_1、A_0 为地址输入端,$\overline{Y}_0 \sim \overline{Y}_7$ 为译码器的输出端,S_1、$\overline{S}_2$、$\overline{S}_3$ 为使能端。在表 4-19-2 中可以看到,当 $S_1=1$,$\overline{S}_2+\overline{S}_3=0$ 时,地址码所指定的输出端信号(为"0")输出,其他所有输出端均无信号(全为"1")。当 $S_1=0$,$\overline{S}_2+\overline{S}_3=×$(×表示任意状态),或 $S_1=×$(×表示任意状态),$\overline{S}_2+\overline{S}_3=1$ 时,译码器被禁止,所有输出端输出高电平"1"。

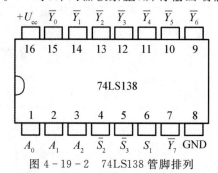

图 4-19-2　74LS138 管脚排列

表 4 - 19 - 2　74LS138 **逻辑功能表**

输　入					输　出							
S_1	$\overline{S}_2 + \overline{S}_3$	A_2	A_1	A_0	$\overline{Y}_0$	$\overline{Y}_1$	$\overline{Y}_2$	$\overline{Y}_3$	$\overline{Y}_4$	$\overline{Y}_5$	$\overline{Y}_6$	$\overline{Y}_7$
1	0	0	0	0	0	1	1	1	1	1	1	1
1	0	0	0	1	1	0	1	1	1	1	1	1
1	0	0	1	0	1	1	0	1	1	1	1	1
1	0	0	1	1	1	1	1	0	1	1	1	1
1	0	1	0	0	1	1	1	1	0	1	1	1
1	0	1	0	1	1	1	1	1	1	0	1	1
1	0	1	1	0	1	1	1	1	1	1	0	1
1	0	1	1	1	1	1	1	1	1	1	1	0
0	×	×	×	×	1	1	1	1	1	1	1	1
×	1	×	×	×	1	1	1	1	1	1	1	1

　　译码器可以构成数据分配器,如利用译码器 74LS138 的使能端中的一个输入端输入数据信号,译码器就成为一个数据分配器,电路图如图 4 - 19 - 3 所示。在译码器的使能端 S_1 输入数据,使 $\overline{S}_2 = \overline{S}_3 = 0$,译码器的地址码所对应的输出端输出的是 S_1 端输入数据的反码;若从端输入数据,使 $S_1 = 1$,$\overline{S}_3 = 0$ 地址码所对应的输出端输出的是 $\overline{S}_2$ 端输入数据的原码。若输入的数据是时钟脉冲信号,则数据分配器便成为时钟脉冲分配器。根据输入地址的不同组合可译出与组合对应的唯一地址,故二进制译码器可做地址译码器。

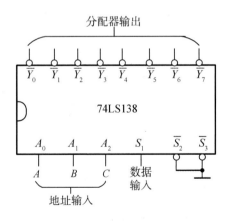

图 4 - 19 - 3　数据分配器

　　译码器可以构成实现逻辑函数功能的逻辑电路,如利用译码器 74LS138 实现逻辑函数式

$$Y = \overline{A}\,\overline{B}\,\overline{C} + \overline{A}B\overline{C} + \overline{A}\,\overline{B}C + AB \qquad (4 - 19 - 1)$$

逻辑电路如图 4 - 19 - 4 所示。

　　还可以利用译码器 74LS138 的使能端,将两个 3/8 线译码器组合成一个 4/16 线译码器,电路图如图 4 - 19 - 5 所示。

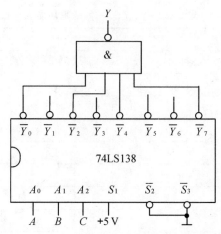

图 4-19-4 译码器实现逻辑式的逻辑电路

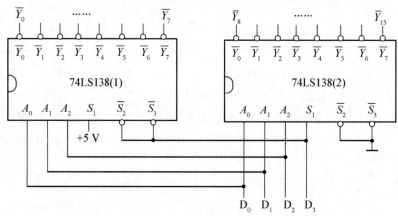

图 4-19-5 两个 3/8 线译码器组合成一个 4/16 线译码器

(2)显示译码器。它能够把"8421"二-十进制代码(BCD 码)译成能用显示器件显示出的十进制数。七段显示译码器的功能是把"8421"二-十进制代码译成对应于数码管的七个字段信号,驱动数码管,显示出相应的十进制数码。此类译码器的型号主要有①74LS247 型译码器,输出低电平有效,应采用共阳极数码管;②74LS248 型译码器,输出高电平有效,应采用共阴极数码管;③CC4511 型译码器,输出高电平有效,应采用共阴极数码管。CC4511 的管脚排列如图 4-19-6 所示,其逻辑功能表见表 4-19-3。其中 D、C、B、A 为 BCD 码输入端;a、b、c、d、e、f、g 为译码器输出端,高电平有效,用来驱动共阴极数码管。

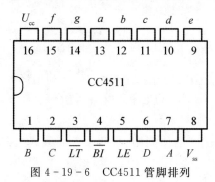

图 4-19-6 CC4511 管脚排列

1)测试输入端$\overline{LT}$:当$\overline{LT}=0$时,数码管译码输出全为"1",显示"8"。

2)消隐输入端$\overline{BI}$:当$\overline{BI}=0$时,数码管译码输出全为"0",没有显示。

3)锁定端LE:当$LE=1$时,译码器处于锁定(保持)状态逻辑,译码器输出保持在$LE=0$时的数值,$LE=0$,可以正常译码。

表 4 - 19 - 3 CC4511 逻辑功能表

输　　入							输　　出							
LE	$\overline{BI}$	$\overline{LT}$	D	C	B	A	a	b	c	d	e	f	g	显示字形
×	×	0	×	×	×	×	1	1	1	1	1	1	1	8
0	0	1	×	×	×	×	0	0	0	0	0	0	0	消隐
0	1	1	0	0	0	0	1	1	1	1	1	1	0	0
0	1	1	0	0	0	1	0	1	1	0	0	0	0	1
0	1	1	0	0	1	0	1	1	0	1	1	0	1	2
0	1	1	0	0	1	1	1	1	1	1	0	0	1	3
0	1	1	0	1	0	0	0	1	1	0	0	1	1	4
0	1	1	0	1	0	1	1	0	1	1	0	1	1	5
0	1	1	0	1	1	0	0	0	1	1	1	1	1	6
0	1	1	0	1	1	1	1	1	1	0	0	0	0	7
0	1	1	1	0	0	0	1	1	1	1	1	1	1	8
0	1	1	1	0	0	1	1	1	1	0	0	1	1	9
0	1	1	1	0	1	0	0	0	0	0	0	0	0	消隐
0	1	1	1	0	1	1	0	0	0	0	0	0	0	消隐
0	1	1	1	1	0	0	0	0	0	0	0	0	0	消隐
0	1	1	1	1	0	1	0	0	0	0	0	0	0	消隐
0	1	1	1	1	1	0	0	0	0	0	0	0	0	消隐
0	1	1	1	1	1	1	0	0	0	0	0	0	0	消隐
1	1	1	×	×	×	×	锁存							锁存

CC4511 内接有上拉电阻,故只需在输出端与数码管之间串入限流电阻即可工作。译码器还有拒伪码功能,当输入码超过 1001 时,七段译码输出全为低电平,数码管熄灭。

4.19.4 实验内容

1.译码器的测试

根据图 4 - 19 - 3 连接数据分配器的实验电路,将译码器 74LS138 的使能端 S_1、$\overline{S_2}$、$\overline{S_3}$ 和地址输入端 A_2、A_1、A_0 分别接到逻辑电平开关上,其输出端接发光二极管。当不同逻辑电平输入时,观测译码器输出端的逻辑电平值,并自行设计表格进行记录。这里,要求输出端 $\overline{Y}_0 \sim \overline{Y}_7$ 的信号与时钟脉冲同相。用数字示波器观察输出波形,观测输出波形与时钟脉冲的相位关系是否满足要求。

2.数码译码显示的测试

测试实验电路如图 4-19-7 所示,将电路的输入端 D、C、B、A 接到逻辑电平输入端的开关上,按照从"0000"到"1111"的顺序递加,将 CC4511 的输出结果填写在表 4-19-4 中,并记录 LED 数码管所显示的内容。

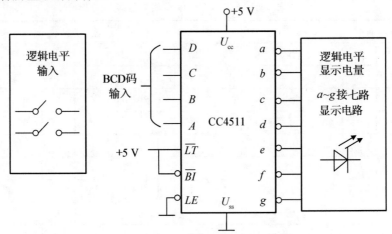

图 4-19-7 CC4511 与数码管的连接电路

表 4-19-4 数码译码显示测试数据

输 入							输 出							
LE	$\overline{BI}$	$\overline{LT}$	D	C	B	A	a	b	c	d	e	f	g	显示字形
×	×	0	×	×	×	×								
0	0	1	×	×	×	×								
0	1	1	0	0	0	0								
0	1	1	0	0	0	1								
0	1	1	0	0	1	0								
0	1	1	0	0	1	1								
0	1	1	0	1	0	0								
0	1	1	0	1	0	1								
0	1	1	0	1	1	0								
0	1	1	0	1	1	1								
0	1	1	1	0	0	0								
0	1	1	1	0	0	1								
0	1	1	1	0	1	0								
0	1	1	1	0	1	1								
0	1	1	1	1	0	0								
0	1	1	1	1	0	1								
0	1	1	1	1	1	0								
0	1	1	1	1	1	1								
1	1	1	×	×	×	×								

4.19.5　实验中的注意事项

(1)电路中电源的极性不能接反。

(2)电路中的各个芯片不能自行插拔。

4.19.6　思考题

(1)举例说明译码器的用途都有哪些。

(2)列出表 4 - 19 - 2 中 $\overline{Y}_5$ 与输入 A_2、A_1、A_0 的关系式。

(3)画出由显示译码器 74LS247 和数码管构成的显示电路图。

4.19.7　实验报告要求

(1)按照规范实验报告的要求撰写各部分内容。

(2)填写好实验中的测量数据。

(3)回答思考题。

(4)写出实验结论。

(5)写出实验中遇到的问题及解决办法。

(6)写出实验的收获和体会。

4.20　声控灯电路

4.20.1　实验目的

(1)了解声音信号的产生、传递和处理过程。

(2)掌握调试电子电路的方法。

(3)学习声控灯电路的工作原理。

4.20.2　实验仪器与设备

(1)电工电子综合实验台。

(2)数字示波器。

(3)数字万用表。

(4)声音传感器。

4.20.3　实验原理

声控灯电路在日常生活中十分常见,如在楼梯间、走廊内都设置有声控灯。声控灯电路的验证及测试,可以提升学生利用电工学知识解决实际问题的能力,培养其开展电工学习实践的兴趣。声控灯电路,通过感知声音信号控制灯管点亮;声控灯延时电路,通过延时电路实现在无声源输入情况下,声控灯点亮一段时间后会自动熄灭。

1. 声控灯电路

声控灯电路是以灯泡为控制对象,其功能是:有光的场合灯不亮,只在无光(夜晚)且有声音的情况下,灯才会亮,灯亮一段时间(1~3 min)后自动熄灭,再次有声音才会再次被点亮,可以应用在楼梯、走廊等环境。

声控灯电路如图 4-20-1 所示,主要由两个运算放大器、压电片(对声音信号进行采集)及若干电阻构成,其电路工作电压为 12 V。运算放大器 A1 能够输出模拟声强的电压信号,属于声音信号的采集电路;集成运算放大器 A2 将声强的电压与设定的声强电压相比较,属于声控灯电路的逻辑判断信号。当声强电压信号超过阈值时,则运算放大器 A2 的输出电平由低电平跳变为高电平,并经二极管 D 的正反馈作用将它锁定为高电平,进而点亮灯管(用发光二极管代替),实现通过声音控制灯管(用发光二极管代替)的点亮过程。电阻 R_1 是控制输入电压的高低的,如果从正常工作的交流 220 V 改成实验中比较安全的交流电压 24 V 或直流电压 20 V,电阻值应相应地减小。

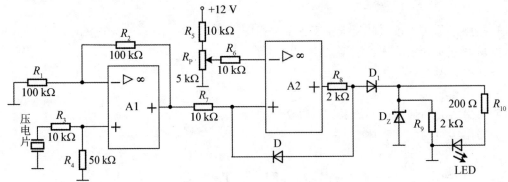

图 4-20-1　声控灯控制电路

2. 声控延时电路

声控灯延时电路如图 4-20-2 所示,电路由主电路、开关电路、检测及放大电路组成,灯泡为控制对象。由整流桥、单向晶闸管 T 和灯泡组成主电路。开关电路由开关三极管 T_1、充电电路 R_2、C_1 组成,放大电路由 $T_2 \sim T_5$ 和电阻组成。压电片 PE 和光敏电阻 R_L 构成检测电路,控制电路由稳压管 D_Z 和电阻组成。

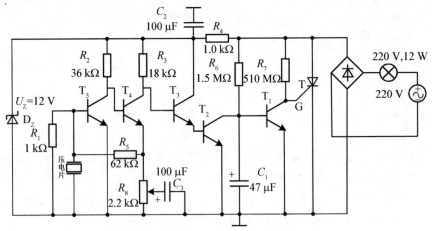

图 4-20-2　声控灯延时电路

交流电路通过桥式整流电路和电阻 R_1 分压后接到晶闸管 T 的控制极,使 T 导通,此时 T_1 截止。由于灯泡与二极管和 T 构成通路,灯泡亮。同时整流后的电源经 R_2 向 C_1 充电,达到 T_1 的开关电压时,T 饱和导通,晶闸管控制极低电位,T 关断,灯熄灭。在无光和有声音情况下, 压电片上得到一个电信号,经过放大使 T 放电使 T_1 截止。晶闸管控制极高的电位,使 T 导通,灯亮。随着 R_2,C_1 充电的进行,T_1 饱和导通,使灯泡自动熄灭。调节 R_6,改变负反馈大小, 使接收声音信号的灵敏度有所变化,从而调节灯对声音和光线的灵敏度。由于光敏电阻和压电片并联,当有光时,光敏电阻值变小,使得压电片感应的电信号损失较大,不能被放大,也就不能将 T_3 导通,因此灯泡不会亮。

4.20.4　实验内容

1.声控灯电路测试

首先,声控灯电路图如图 4-20-1 所示,选取相应的元器件、电阻等,电路连接完成后,接通电源。设定合适的开灯阈值电压,调节电位器 R_p 的值,选取合理的位置,并对压电片施加声音实验,设定阈值电压对应于合适声音强度。

然后,测试关灯开关,给压电片施加足够强的声音,并调节电位器 R_p,使灯亮,之后断开连接二极管 D 的回路,观察灯是否熄灭。若断开连接二极管 D 回路,灯不熄灭,则检查运算放大器是否损坏或线路是否接错,纠正电路错误,直至断开二极管 D 回路,灯熄灭为止。

观察信号传递过程,给压电片施加声音,用数字示波器观察运算放大器的输出电压波形, 观察实验现象,并自拟表格记录实验结果。

2.声控灯延时电路测试

分析图 4-20-2 的电路原理及设计关键的测试点,需要对关键测试点进行理论计算和估算,实验时可以采用比较安全的电源电压(原电路中输入电压是交流电压220 V),自行估算电阻 R_1 的阻值。

4.20.5　实验中的注意事项

(1)运算放大器的电源电压一定要正确连接,正负极不能接错。

(2)注意区分芯片上各管脚功能。

(3)每次电路连接后都要对运算放大器重新调零。

(4)多台电子仪器同时使用时,应注意各仪器的"地"要连接到一起。

(5)在数字示波器上同时观察激励信号和响应信号时,显示要稳定,如不同步时,可采用外同步法触发。

(6)考虑运算放大器输出的带载能力,当发光二极管电流为 5~10 mA 时,进一步确定电路中对应元器件的值。

4.20.6　思考题

(1)简述如图 4-20-1 所示电路的工作原理,并比较测试的数据和理论计算值,分析测试结果。电路中二极管的阴、阳极位置可否调换?

(2)如果实验中用发光二极管代替灯泡,发光二极管的阴、阳极位置可否调换?

4.20.7 实验报告要求

(1)按照规范实验报告的要求撰写各部分内容。
(2)填写好实验中的测量数据,并完成相应参数的计算。
(3)要求有完整的测试过程并记录实验数据,验证实验设计的正确性。
(4)回答思考题。
(5)写出实验结论。
(6)写出实验中遇到的问题及解决办法。
(7)写出实验的收获和体会。

4.21 红外发射管与红外接收管的应用电路

4.21.1 实验目的

(1)了解红外发射管与红外接收管的基本工作原理和功能。
(2)熟悉红外发射管与红外接收管组成的常见应用电路。

4.21.2 实验仪器与设备

(1)电工电子综合实验台。
(2)数字万用表。
(3)红外发射管与红外接收管。

4.21.3 实验原理

1.红外发射管与红外接收管

光电器件在工业自动控制、安全保护、防盗报警等方面都有着广泛的应用,既可实现电气隔离,也能实现遥控功能。红外发射管与红外接收管属于光电类的半导体器件。

红外发射管的内部结构及工作原理与发光二极管相同,电路符号如图 4 - 21 - 1(a)所示。红外发射管在正向导通时会产生波长为 900 nm 范围的红外光,人眼观察不到所发出的光。红外发射管的光输出一般只有毫瓦级的功率,不同型号的红外发射管的发射角也不尽相同。相同型号的红外发射管可以任意串联或并联使用,以增大发射光功率或组成不同的发射角度。

红外接收管属于光电三极管结构,其基极一般不外接,具有较高的灵敏度。红外接收管的电路符号如图 4 - 21 - 1(b)所示。

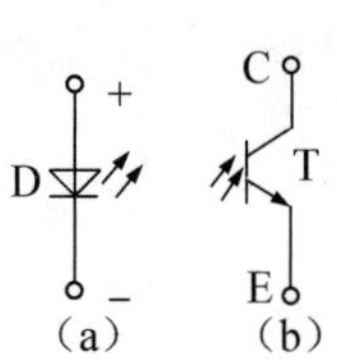

图 4 - 21 - 1 红外发射管与红外接收管的电路符号

红外接收管也可以串、并联使用,但这种接法不是用来提高灵敏度,与普通三极管一样,并联组成或门电路,串联组成与门电路。

2.红外发射管的基本发射电路

红外发射管的基本发射电路如图 4 - 21 - 2(a)所示,由一只限流电阻 R 和一只红外发射管 D 组成。由于这种电路发射连续光束,在实际应用中耗能较大,而且不易与日光中相对稳定的红外成分相区别,所以发射电路经常用图 4 - 21 - 2(b)所示电路。

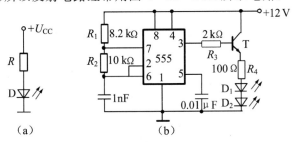

图 4 - 21 - 2　红外发射管的基本发射电路

由 555 定时器构成一个无稳态多谐振荡器,在其输出端 3 脚加上一级三极管的电流驱动电路,以驱动发光二极管与红外发射管的串联电路。此时,发光二极管 D_1 与红外发射管 D_2 发出同步的脉冲信号。

3.红外接收管的基本接收电路

红外接收管的基本接收电路如图 4 - 21 - 3 所示。来自红外接收管的脉冲信号经电容 C_1 耦合到电压比较器的同相输入端。此时电压比较器的输出端为低电位,发光二极管工作点亮,表示接收到红外信号。当红外接收管被遮挡时,电压比较器的输出端变为高电位,蜂鸣器鸣响,发光二极管变暗。

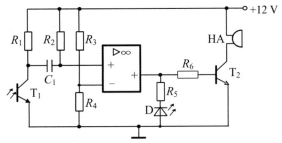

图 4 - 21 - 3　红外接收管的基本接收电路

如果红外发射电路发射的是连续红外光束,则应把接收电路中的电容 C_1 短路掉并去掉电阻 R_2。在实验中应注意,将红外发射管和红外接收管调整到一条直线上,相隔距离小于 15 mm。

4.21.4　实验内容

1.红外报警电路测试

(1)按照图 4 - 21 - 2(a)连接红外发射电路,电阻 R 的取值为 1 kΩ,电源电压为 +12 V,图中红外发射管用来指示发射电路的工作状态。

(2)按照图 4-21-3 连接红外接收电路,元器件参考值为 $R_1 = 10$ kΩ, R_2 开路, $R_3 = 5.1$ kΩ, $R_4 = 2$ kΩ, $R_5 = 5.1$ kΩ, $R_6 = 10$ kΩ,DL 为蜂鸣器。把发射电路中的红外发射管和接收电路中红外接收管校直到一条直线上。

(3)由于红外发射管和红外接收管的参数不同,需要调试电路,调试成功后,记录所选元器件的具体参数值,并测量红外接收电路中三极管 T_2 的基极和集电极电位,将结果填入表 4-21-1 中。

(4)观察红外接收电路中的发光二极管 D 的状态,记录蜂鸣器和发光二极管的状态在表 4-21-1 中。

(5)用手或书本遮挡住红外发射管或红外接收管,记录蜂鸣器和发光二极管的状态在表 4-21-1 中。

表 4-21-1　红外接收电路调试参数

元器件参数/Ω						三极管各极电位/V		发光二极管 D 工作状态		蜂鸣器工作状态	
R_1	R_2	R_3	R_4	R_5	R_6	V_{B2}	V_{C2}	正常	遮挡	正常	遮挡

4.21.5　实验中的注意事项

(1)在连接红外发射电路及红外接收电路时,应使其分布在电路板两侧,并要注意使各连接点之间保持连接良好。

(2)红外发射管和红外接收管的距离和角度不能超过一定的范围。

4.21.6　思考题

红外发射管可以串、并联使用吗? 作用是什么? 红外接收管呢?

4.21.7　实验报告要求

(1)按照规范实验报告的要求撰写各部分内容。

(2)填写好实验中的测量数据。

(3)回答思考题。

(4)写出实验结论。

(5)写出实验中遇到的问题及解决办法。

(6)写出实验的收获和体会。

4.22　电子秒表电路的设计

4.22.1　实验目的

(1)掌握 555 定时器构成的脉冲发生电路的工作原理。

(2)掌握 CT74LS290 构成任意进制的计数器方法。

(3)培养数字逻辑电路的综合设计、调试和实践能力。

4.22.2 实验仪器与设备

(1)电工电子综合实验台。

(2)数字万用表。

(3)CT74LS290、自选的元器件。

4.22.3 实验任务

(1)利用 555 定时器设计脉冲发生电路,周期为 0.01 s,采用分频原理使其产生秒脉冲信号。

(2)用 CT74LS290 分别构成十进制、六进制加法计数器。

(3)用所设计的计数器构成秒表电路。

(4)用译码器、数码管对秒表电路进行显示,显示范围 0~59 s。

(5)设计的电子秒表应具有开始、暂停和清零的功能。

4.22.4 实验报告要求

(1)按照规范实验报告的要求撰写各部分内容。

(2)要求有完整的实验设计过程,包括基本原理、实验电路和理论计算等。

(3)要求有完整的测试过程并记录实验现象和数据,验证实验设计的正确性。

(4)写出实验的结论。

(5)写出实验中遇到的问题及解决办法。

(6)写出实验的收获和体会。

4.23 彩色流水灯控制电路的设计

4.23.1 实验目的

(1)掌握用计数器进行分频的原理。

(2)掌握时序逻辑电路的设计方法。

(3)培养数字逻辑电路的综合设计、调试和实践能力。

4.23.2 实验仪器与设备

(1)电工电子综合实验台。

(2)数字万用表。

(3)自选的元器件。

4.23.3 实验任务

(1)利用 D 触发器设计四位移位寄存器。

(2)用所设计的移位寄存器控制四路彩灯,要求实现如下功能:

1)第一次循环彩灯从左至右依次点亮,每只灯亮时间为 0.5 s。

2)第二次循环彩灯从右至左依次点亮,每只灯亮时间为 1 s。

3)两次循环结束后自动开始下一轮循环。

4.23.4 实验报告要求

(1)按照规范实验报告的要求撰写各部分内容。

(2)要求有完整的实验设计过程,包括基本原理、实验电路和理论计算等。

(3)要求有完整的测试过程并记录实验现象和数据,验证实验设计的正确性。

(4)写出实验的结论。

(5)写出实验中遇到的问题及解决办法。

(6)写出实验的收获和体会。

4.24 数字密码锁电路的设计

4.24.1 实验目的

(1)熟悉各种逻辑门电路的逻辑功能。

(2)掌握组合逻辑电路的设计方法。

(3)培养数字逻辑电路的综合设计、调试和实践能力。

4.24.2 实验仪器与设备

(1)电工电子综合实验台。

(2)数字万用表。

(3)自选的元器件。

4.24.3 实验任务

利用常见逻辑门电路设计一个数字密码锁,开锁密码为"1010"。开锁条件为拨对密码,钥匙插入锁眼(即开锁开关闭合)。当两个条件同时满足时开锁信号为"1",将锁打开,用发光二极管指示。开锁条件不满足时,报警信号为"1",驱动蜂鸣器进行报警。本实验设计要求用组合逻辑电路实现。

4.24.4 实验报告要求

(1)按照规范实验报告的要求撰写各部分内容。

(2)要求有完整的实验设计过程,包括逻辑状态表、逻辑表达式、逻辑电路图等。

(3)要求有完整的测试过程并记录实验现象,验证实验设计的正确性。

(4)写出实验的结论。

(5)写出实验中遇到的问题及解决办法。

(6)写出实验的收获和体会。

4.25　温度电压转换电路的设计

4.25.1　实验目的

(1)了解温度敏感元件的温度特性。
(2)能够设计对缓慢变化信号的放大电路。
(3)培养学生解决实际问题的综合设计、调试和实践能力。

4.25.2　实验仪器与设备

(1)电工电子综合实验台。
(2)数字万用表。
(3)自选的元器件。

4.25.3　实验任务

利用实验室可供选择的热敏电阻设计一个温度电压转换电路,即温度传感器。要求对温度信号进行采集,被测温度范围为 0～100 ℃,依据热敏电阻的电阻与温度之间的已知转换关系,设计温度到电压的转换电路,对应输出电压范围为 0～0.5 V。

4.25.4　实验报告要求

(1)按照规范实验报告的要求撰写各部分内容。
(2)要求有完整的实验设计过程,包括基本原理、实验电路和理论计算等。
(3)要求有完整的测试过程并记录实验数据,验证实验设计的正确性。
(4)写出实验的结论。
(5)写出实验中遇到的问题及解决办法。
(6)写出实验的收获和体会。

4.26　竞赛抢答器电路的设计

4.26.1　实验目的

(1)熟悉各种逻辑门电路的逻辑功能。
(2)掌握组合逻辑电路的设计方法。
(3)培养数字逻辑电路的综合设计、调试和实践能力。

4.26.2　实验仪器与设备

(1)电工电子综合实验台。
(2)数字万用表。
(3)自选的元器件。

4.26.3　实验任务

利用集成逻辑门电路设计一个用于智力竞赛的电子抢答器。要求参赛人数不少于 4 人,即输入端不少于4个。每个参赛者有一个按键,当按下按键时,相当于输入端有按键信号生效。抢答成功(第一个按下按键)的参赛者的发光二极管亮,并伴有声音提示,其余参赛者的发光二极管不亮,也没有声音提示。抢答判决完毕后,清零,准备下次抢答使用。本实验设计要求用组合逻辑电路实现。

4.26.4　实验报告要求

(1)按照规范实验报告的要求撰写各部分内容。
(2)要求有完整的实验设计过程,包括基本原理、实验电路和理论计算等。
(3)要求有完整的测试过程并记录实验数据,验证实验设计的正确性。
(4)写出实验的结论。
(5)写出实验中遇到的问题及解决办法。
(6)写出实验的收获和体会。

4.27　矩形波发生电路的设计

4.27.1　实验目的

(1)掌握555定时器芯片的工作原理。
(3)熟悉多谐振荡器的工作原理及关键元件对输出波形的影响。
(3)培养模拟电路综合设计、调试和实践能力。

4.27.2　实验仪器与设备

(1)电工电子综合实验台。
(2)数字万用表。
(3)自选的元器件。

4.27.3　实验任务

利用555定时器构成的多谐振荡器来实现宽度可调的矩形波发生器。首先要求设定矩形波的周期T为20 ms,然后通过调节元件参数来调节3种不同脉冲宽度(t_p)的矩形波。用数字示波器观察输出的波形,并从所得波形测量矩形波的幅度值、周期和脉冲宽度t_p。

4.27.4　实验报告要求

(1)按照规范实验报告的要求撰写各部分内容。
(2)要求有完整的实验设计过程,包括基本原理、实验电路和理论计算等。
(3)要求有完整的测试过程并记录实验数据,验证实验设计的正确性。
(4)写出实验的结论。
(5)写出实验中遇到的问题及解决办法。
(6)写出实验的收获和体会。

第 5 章 仿 真 实 验

5.1 Multisim 14.0 仿真软件

Multisim 14.0仿真软件是一款具有工业品质、使用灵活、功能强大的电路仿真软件。Multisim 14.0仿真软件包含了许多虚拟仪器,不仅有一般实验室中常见的各种仪器,如信号发生器、数字示波器、数字万用表等,而且有许多在普通实验室中难以见到的仪器,如逻辑分析仪、网络分析仪等。这些虚拟仪器提供了一种快速获得仿真结果的手段,同时也为将来在实验室中使用这些仪器做好了认识准备。

本节主要介绍 Multisim 14.0仿真软件的基本操作,包括主界面菜单和各子菜单的功能。

5.1.1 主界面菜单命令

运行 Multisim 14.0仿真软件主程序后,出现 Multisim 14.0仿真软件主工作界面,如图5-1-1所示。Multisim 软件以图形界面为主,采用菜单、工具栏和热键相结合的方式,具有一般 Windows 应用软件的界面风格。Multisim 14.0仿真软件主工作界面主要由菜单栏、工具栏、项目管理区域、工作区域、仪器工具栏、信息窗口和状态栏等组成,模拟了一个实际的电子工作台。下面将对它们进行详细说明。

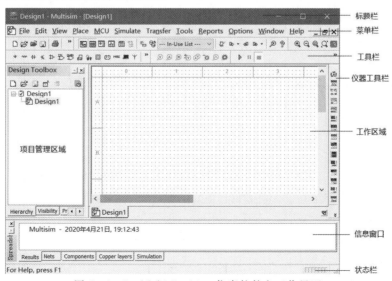

图 5-1-1 Multisim 14.0仿真软件主工作界面

1. 菜单栏

Multisim 14.0 仿真软件的菜单栏（Menus）位于主窗口的最上方，包括 File，Edit，View，Place，MCU，Simulate，Transfer，Tools，Reports，Options，Window 和 Help 共 12 个主菜单。通过菜单，可以对 Multisim 14.0 仿真软件的所有功能进行操作。每个主菜单下都包含若干个子菜单。工具栏中包含系统工具栏、设计工具栏和元件库工具栏。电路编辑窗口用来设计需要仿真的电路。下面首先介绍各主菜单及其子菜单的功能。

（1）文件菜单。文件（File）菜单主要用于管理所创建的电路文件。该菜单提供了文件的打开、新建、保存等操作，如图 5-1-2 所示。

（2）编辑菜单。编辑（Edit）菜单包括一些最基本的编辑操作命令，如撤销（Undo）、重复（Redo）、剪切（Cut）、复制（Copy）、粘贴（Paste）、删除（Delete）等命令，以及元器件的位置操作命令，如对元器件进行旋转和对称操作的定位（Orientation）等命令，如图 5-1-3 所示。

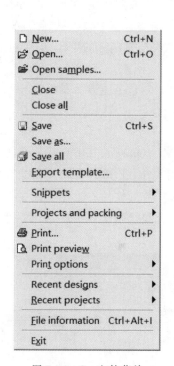

图 5-1-2　文件菜单

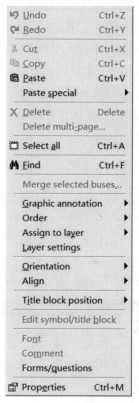

图 5-1-3　编辑菜单

（3）视图菜单。视图（View）菜单包括调整窗口视图的命令，包括放大或缩小视图的尺寸（Zoom in，Zoom out）。在窗口界面中显示网格（Grid），以提高在电路搭接时元器件相互位置的准确度。此外，还用于添加或隐藏工具条、元件库栏和状态栏（Toolbars），以及设置各种显示元素等命令，如图 5-1-4 所示。

（4）放置菜单。放置（Place）菜单包括放置元器件（Component）、节点（Junction）、线（Wire，Bus）、文本（Text）等常用的绘图元素，同时包括创建新层次模块（New hierarchical block）、层次模块替换（Hierarchical block from file）和新建子电路（New subcircuit）等关于层

次化电路设计的选项,如图 5-1-5 所示。

图 5-1-4　视图菜单

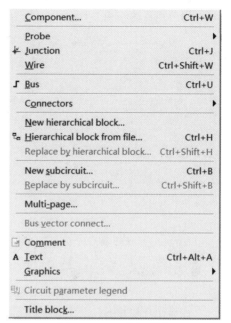

图 5-1-5　放置菜单

(5)微控制器菜单。微控制器(MCU)菜单包括一些 MCU 调试操作命令,如调试视图格式(Debug view format)、MCU 窗口(MCU Windows)等,如图 5-1-6 所示。

(6)仿真菜单。仿真(Simulate)菜单包括一些与电路仿真相关的选项,如运行(Run)、暂停(Pause)、停止(Stop)和仪表(Instruments)等,如图 5-1-7 所示。

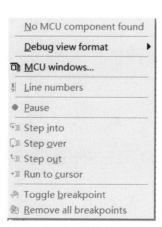

图 5-1-6　微控制器菜单

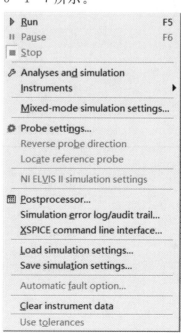

图 5-1-7　仿真菜单

(7)文件传输菜单。文件传输(Transfer)菜单提供 6 个传输命令,用于将所搭建电路及分析结果传输给其他应用程序,如 PCB、MathCAD 和 Excel 等,如图 5-1-8 所示。

(8)工具菜单。工具(Tools)菜单包括元器件和电路编辑或管理命令,如图 5-1-9 所示。

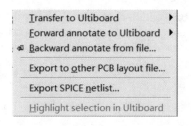

图 5-1-8　文件传输菜单　　　　　　　图 5-1-9　工具菜单

(9)报表菜单。报表(Reports)菜单包括与各种报表相关的选项,如图 5-1-10 所示。

图 5-1-10　报表菜单

(10)选项菜单。选项(Options)菜单可对电路的运行界面和某些功能进行设置,如全局选项(Global options)、电路图属性(Sheet properties)、锁定工具栏(Lock toolbars)和自定义界面(Customize interface)等,如图 5-1-11 所示。

图 5-1-11　选项菜单

(11)窗口菜单。窗口(Window)菜单包括与窗口显示方式相关的选项,如图 5-1-12 所示。

(12)帮助菜单。帮助(Help)菜单提供帮助文件,按下键盘上的 F1 键也可获得帮助,如图 5-1-13 所示。

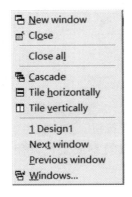

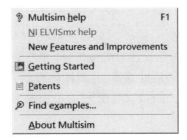

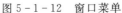

图 5 - 1 - 12　窗口菜单　　　　　　　　　图 5 - 1 - 13　帮助菜单

2. 工具栏

为了使用户更加方便、快捷地操作软件和设计电路,Multisim 在工具栏中提供了大量的工具按钮。根据工具的功能,可以将它们分为标准工具栏、主工具栏、视图工具栏、元器件工具栏、仿真工具栏、探针工具栏、梯形图工具栏和仪器库工具栏等。可以在菜单栏中的视图(View)/工具(Toolbars)下拉菜单中对工具栏中的功能按钮进行设置,以创建自己的个性工具栏,如图 5 - 1 - 14 所示。

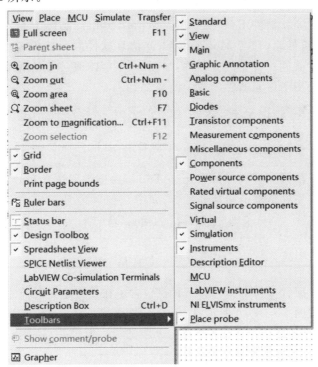

图 5 - 1 - 14　视图(View)/工具(Toolbars)下拉菜单

(1)标准工具栏。标准工具栏(Standard toolbar)包括新建、打开、保存、打印、打印预览、剪切、复制、粘贴、撤回和重复等常见的功能按钮,如图 5 - 1 - 15 所示。

图 5 - 1 - 15　标准工具栏

（2）主要工具栏。主要工具栏（Main toolbar）是 Multisim 14.0 仿真软件的核心，包含 Multisim 的一般性功能按钮，从而可使电路设计更加方便。主要工具栏包括显示或隐藏设计工具栏、打开后处理器、元器件向导和数据库管理器等功能按钮。该工具栏还提供了元器件列表（In-Use List），以列出当前电路使用的全部元器件，供检查或重复调用，如图 5 - 1 - 16 所示。

图 5 - 1 - 16　主要工具栏

（3）视图工具栏。视图工具栏（View toolbar）包含调整视图显示的操作按钮，如放大、缩小、缩放区域、缩放页面和全屏等，如图 5 - 1 - 17 所示。

图 5 - 1 - 17　视图工具栏

（4）元器件工具栏。元器件工具栏（Components toolbar）实际上是用户在电路仿真中可以使用的所有元器件符号库，它与 Multisim 14.0 仿真软件的元器件模型库对应，共有 18 个分类库，每个库中放置着同一类型的元器件，如图 5 - 1 - 18 所示。在取用其中的某一个元器件符号时，实质上是调用了该元器件的数学模型。

图 5 - 1 - 18　元器件工具栏

（5）仿真工具栏。仿真工具栏（Simulation Toolbar）提供了仿真和分析电路的快捷工具按钮，包括运行、暂停、停止和活动分析功能按钮，如图 5 - 1 - 19 所示。

图 5 - 1 - 19　仿真工具栏

（6）探针工具栏。探针（Place probe）工具栏包含了在设计电路时放置各种探针的按钮，还能对探针进行设置，如图 5 - 1 - 20 所示。

图 5 - 1 - 20　探针工具栏

（7）仪器工具栏。Multisim 14.0 仿真软件提供了 21 种用来对电路工作状态进行测试的仪器、仪表，这些仪表的使用方法和外观与真实仪表相当，就像是实验室使用的仪器。仪器（Instruments）工具栏是进行虚拟电子实验和电子设计仿真最快捷而又最形象的特殊窗口，如

图 5-1-21(a)所示。图 5-1-21(a)中前四个图标依次为数字万用表、函数信号发生器、功率表、数字示波器,均属于常用的虚拟仪器仪表。其中数字万用表的图标如图 5-1-21(b)所示,数字万用表有正极和负极两个引线端。Multisim 14.0 仿真软件提供的数字万用表外观和操作方法与实际的设备十分相似,主要用于测量直流或交流电路中两点间的电压、电流、分贝和阻抗。数字万用表是自动修正量程仪表,因此在测量过程中不必调整量程。测量灵敏度根据测量需要,可以修改内部电阻来调整。

　　函数信号发生器的图标如图 5-1-21(c)所示,函数信号发生器通过 3 个端子将信号送到电路中。其中"COM"(公共端)是信号的参考点。若信号以地作为参照点,则将"COM"端子接地。"＋"端子提供的波形是正信号,"－"端子提供的波形是负信号。Multisim 14.0 仿真软件中提供的函数信号发生器能给电路提供与现实中完全一样的模拟信号,而且波形、频率、幅值、占空比、直流偏置电压都可以随时更改。

　　数字示波器的图标如图 5-1-21(d)所示。Multisim 14.0 仿真软件提供的是双通道示波器,可同时观察两路电压信号波形,数字示波器图标中的三组信号分别为 A、B 输入通道和外触发信号通道。

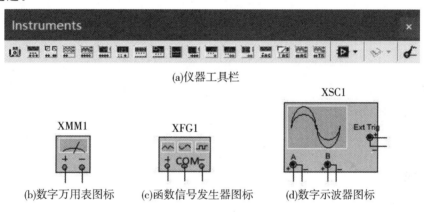

(a)仪器工具栏

(b)数字万用表图标　(c)函数信号发生器图标　(d)数字示波器图标

图 5-1-21　仪器工具栏及常用图标

3.项目管理区域

　　项目管理区域用来管理原理图的不同组成元素。项目管理区域由三个不同的标签页组成,它们分别是层次化页、可视化页和工程视图页,如图 5-1-22 所示。其中,层次化页包括了所设计的各层电路,对话框上方的按钮可以实现新建原理图、打开原理图、保存和关闭当前电路图等功能;可视页由用户决定工作空间的当前页面显示哪些层;工程视图页显示所建立的工程,包括原理图文件、PCB 文件、仿真文件等。

4.工作区域

　　在工作区域可进行电路图的编辑绘制、仿真分析及波形数据显示等操作,如果有需要,还可以在电路工作区域内添加说明文字及标题框等。

5.1.2　基本操作

1.创建新电路窗口

运行 Multisim 14.0 仿真软件,软件会自动打开一个空白的电路窗口。电路窗口是用户放置元器件、创建电路的工作区域,用户也可以通过单击工具栏中的"New"按钮(或按[Ctrl＋N]组合键),新建一个空白的电路窗口。所新建的文件都按软件默认命名,用户可对其重新命名。在绘制原理图的过程中,可利用工具栏中的缩放按钮(Zoom in、Zoom out)在不同比例模式下查看电路窗口,鼠标滑轮也可实现电路窗口的缩放;按住[Ctrl＋N]键同时滚动鼠标滑轮,可以实现电路窗口的上下滚动。

(a)层次化页　　　　　　(b)可视化页　　　　　　(c)工程视图页

图 5-1-22　项目管理区域

2.查找元器件

原理图设计的第一步是在电路窗口中放入合适的元器件。Multisim 14.0 仿真软件的元器件分别存放在三个数据库中:"Master Database""Corporate Database"和"User Database"。其中,"Master Database"是厂商提供的元器件库;"Corporate Database"是用户自行向各厂商索取的元器件库;"User Database"是用户自己建立的元器件库。

可以通过以下方法在元器件库中找到元器件:通过单击元器件工具栏(Component toolbar)上任何一类元器件按钮或选择菜单"Place/Component"命令打开"选择一个元器件(Select a Component)"对话框,如图 5-1-23 所示。

3.放置元器件

在 Multisim 14.0 仿真软件中通过"选择一个元器件"对话框来完成元器件的放置。下面以放置元器件"2N1711"为例,对元器件放置过程进行详细说明。

(1)按照前文介绍的方法打开"选择一个元器件"对话框,选择所需要放置元器件所属的库文件。在这里需要放置元器件"2N1711",对"选择一个元器件"对话框设置如下:

1)元器件所在的库(Database)选择"主数据库(Master Database)"。

2)元器件的类型(Group)选择"Transistors"。

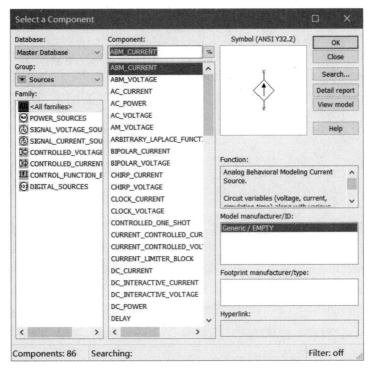

图 5-1-23　"选择一个元器件"对话框

3）在元器件名称（Component）列表中输入"2N1711"，在 Symbol 列表栏中显示该元器件的示意图，如图 5-1-24 所示。

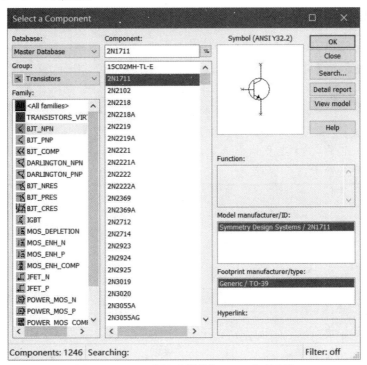

图 5-1-24　选择元器件"2N1711"对话框

（2）双击该元器件或单击"确认"按钮，然后将光标移动到工作区域，进入三极管放置状态，此时元器件跟随光标移动。

（3）光标移动到适当的位置单击，可在光标停留的位置放置三极管"2N1711"，完成元器件放置，如图 5-1-25 所示。

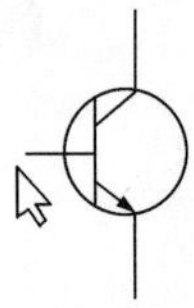

图 5-1-25 放置元器件

4.连接电路

电路原理图有两个基本要素，即元器件符号和电路连接。将元器件在电路窗口中放好后，就需要用线把它们连接起来。Multisim 14.0 仿真软件包括自动连线与手动连线两种方法。当"Options/Global Options"对话框中"General"选项卡的"Autowire when wiring components"复选框被选中时，实现自动连线，Multisim14.0 仿真软件能够自动找到避免穿过其他元器件或覆盖其他连线的合适路径。如果未选中"Autowire when wiring components"复选框，元器件连接时需要手动连线，连线按用户的要求进行布置。在设计同一个电路时，也可以把两种方法结合起来。

5.2 分压式偏置放大电路仿真实验

5.2.1 实验目的

（1）学会使用 Multisim 仿真软件分析基本放大电路。

（2）掌握静态工作点对放大电路性能的影响。

5.2.2 实验原理

在放大电路中，静态工作点的选取很重要。只有选择了合适的静态工作点，才能保证输入信号不失真放大。否则，静态工作点靠近饱和区（或截止区），输出波形将产生饱和失真（或截止失真），输入信号的放大将失去意义。

共发射极分压式偏置放大电路原理图如图 5-2-1 所示。图中，R_W、R_{B1} 和 R_{B2} 组成分压式偏置电路，决定了三极管基极的电位。基极的电位为

$$V_{BQ} = \frac{R_{B2}}{R_{B1} + R_{B2} + R_W} \qquad (5-2-1)$$

调节 R_W 可调整三极管基极的电位，进而可以改变三极管的静态工作点（I_{BQ}、I_{CQ}、U_{BEQ}、U_{CEQ}）。

5.2.3 实验内容

1.静态工作点的调整与测试

在 Multisim 14.0 仿真软件上设计如图 5-2-1 所示的分压式偏置放大电路原理图：

（1）通过单击工具栏中的"New"按钮来新建一个空白电路文件。

（2）按照图 5-2-1 所示的放大电路原理图选取各个元件，并放置到适当的位置。

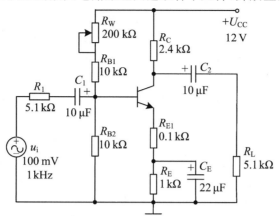

图 5-2-1　分压式偏置放大电路原理图

（3）调整对元件的放置方位，使电路布局更合理，调整方法为鼠标右键单击要调整的元件，在弹出的菜单中选择需要的操作，包括水平翻转（Flip horizontal）、垂直翻转（Flip vertically）、顺时针旋转 90°（rotate 90° clockwise）和逆时针旋转 90°（rotate 90° counter clockwise）。

（4）根据图 5-2-1 所示的放大电路原理图，对元件进行连接。

（5）在仪器工具栏选择数字万用表，拖动到电路的适当位置单击放置，将数字万用表信号端与电路中的测试端相连，按此方法依次接入数字万用表 XMM1、XMM2、XMM3 和 XMM4。

设计好的静态工作点测试电路，断开开关 S_1 和 S_2，电路此时没有交流信号接入仿真，电路截图如图 5-2-2 所示。按表 5-2-1 调节电位器 R_W 的百分比，用四块数字万用表 XMM1、XMM2、XMM3 和 XMM4 测量电路中的电压、电流值，填入表 5-2-1 中。

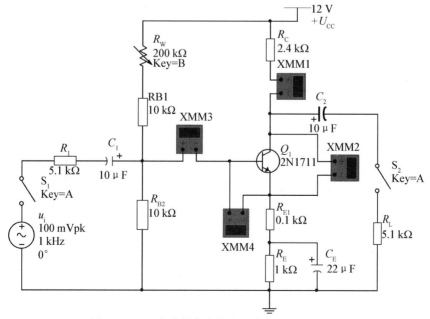

图 5-2-2　仿真软件中静态工作点测试电路截图

2. 放大器静态工作点对输出的影响

电路中接通开关 S_1 和 S_2，输入交流信号 U_{im}，如图 5-2-3 所示。选取输入交流信号 $U_{im}=100\ \text{mV}$，$f=1\ \text{kHz}$，按表 5-2-1 调节电位器 R_W 的百分比，接入数字示波器 XSC1，观察输入、输出波形，在表 5-2-1 中记录失真情况，并将得到的波形截图记录到实验报告上。

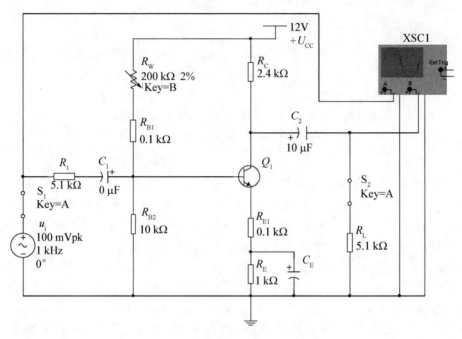

图 5-2-3 测试输出波形的电路

表 5-2-1 静态工作点测试及其对输出波形的影响

R_W(200 kΩ)	$I_{BQ}/\mu\text{A}$	I_{CQ}/mA	U_{BEQ}/V	U_{CEQ}/V	失真情况
2%					
4%					
70%					
80%					
82%					
84%					

5.2.4 思考题

(1)表中测得的静态工作点与计算得出的值是否一致？为什么？

(2)用 Multisim 仿真软件设计一个固定偏置放大电路，并测试静态工作点。

5.2.5 实验报告要求

(1)按照规范实验报告的要求撰写各部分内容。

(2)填写好实验中的测量数据,并截图记录波形。

(3)回答思考题。

(4)写出实验结论。

(5)写出实验中遇到的问题及解决办法。

(6)写出实验的收获和体会。

5.3　组合逻辑电路设计与分析仿真实验

5.3.1　实验目的

(1)掌握 Multisim 仿真软件中的逻辑转换仪的功能及相关操作。

(2)学会用 Multisim 仿真软件分析和设计组合逻辑电路。

5.3.2　实验原理

1.利用 Multisim 仿真软件中的逻辑转换仪对所给电路进行分析

在 Multisim 14.0 仿真软件中按照所给逻辑电路进行连线,利用逻辑转换仪实现由逻辑电路到真值表的转换以及由逻辑电路(或真值表)到逻辑表达式的转换,从而由真值表和逻辑表达式分析电路的逻辑功能。

2.利用 Multisim 仿真软件中的逻辑转换仪设计满足给定要求的逻辑电路

分析题中给定要求,确定变量数目并进行逻辑赋值,根据前述分析在逻辑转换仪面板上列出真值表,利用逻辑转换仪由真值表得到最简表达式,进而得到满足给定要求的逻辑电路图。

5.3.3　实验内容

1.逻辑电路的分析

利用逻辑转换仪对图 5-3-1 所示逻辑电路进行分析。逻辑转换仪的图标和面板如图 5-3-2所示。

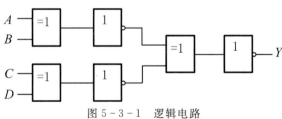

图 5-3-1　逻辑电路

(1)按图 5-3-1 连接电路,接入逻辑转换仪,仿真软件中的逻辑电路分析图截图如图 5-3-3所示。

(2)在逻辑转换仪面板上单击 [⟋ → 10I] 按钮,可实现由逻辑电路转换为真值表,如图 5-3-4 所示。

(3)单击 [10I SIMP AIB] 按钮,就可由真值表导出最简表达式,如图 5-3-5 所示,从而进行具体的分析。

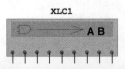

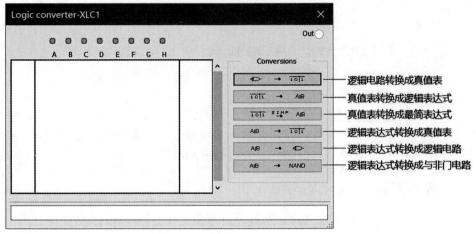

图 5-3-2　逻辑转换仪的图标和面板

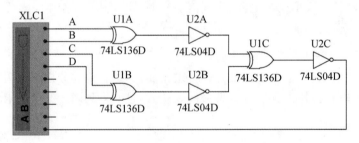

图 5-3-3　仿真软件中逻辑电路分析图截图

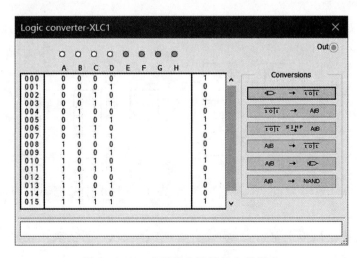

图 5-3-4　由逻辑电路转换为真值表

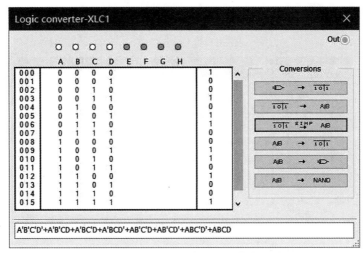

图 5 - 3 - 5　由真值表导出最简表达式

2. 逻辑电路的设计

利用逻辑转换仪设计满足以下要求的逻辑电路：

有一火灾报警系统，设有烟感、温感和紫外线感三种类型的火灾探测器。为了防止误报警，只有当其中有两种或两种以上的探测器发出火灾探测器信号时，报警系统才产生报警控制信号，试设计报警控制信号的电路。

(1)设计电路的思路：在逻辑转换仪面板上根据下列分析列出真值表如图 5 - 3 - 6 所示。由于探测器发出的火灾探测信号有两种可能：一种是高电平（"1"），表示有火灾；另一种是低电平（"0"），表示无火灾。报警控制信号也只有两种可能：一种是高电平（"1"），表示有火灾报警；另一种是低电平（"0"），表示正常无火灾报警。因此，令 A、B、C 分别表示烟感、温感和紫外线感，三种类型的火灾探测器的探测输出信号为报警控制电路的输入；令 F 为报警控制电路的输出信号。

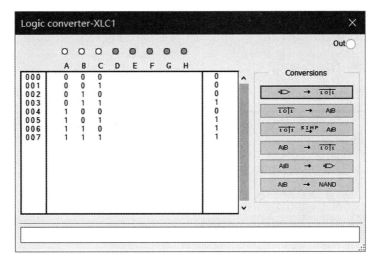

图 5 - 3 - 6　真值表

(2)在逻辑转换仪面板上单击 ┌─────┐ 按钮,得到如图5-3-7所示的最简表达式。

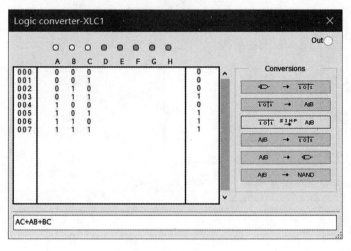

图5-3-7 最简表达式

(3)在图5-3-7的基础上单击 ┌─────┐ 按钮,就由逻辑表达式得到逻辑电路,如图5-3-8所示。

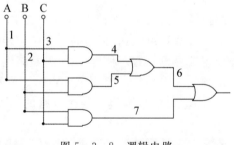

图5-3-8 逻辑电路

5.3.4 思考题

用Multisim仿真软件设计一个四人表决电路:如果三人或三人以上同意,则通过;反之,则被否决,并用与非门实现。

5.3.5 实验报告要求

(1)按照规范实验报告的要求撰写各部分内容。

(2)将各步骤中的结果截图记录到实验报告上。

(3)回答思考题。

(4)写出实验结论。

(5)写出实验中遇到的问题及解决办法。

(6)写出实验的收获和体会。

附　　录

附录 1　集成芯片外引线排列图

1.三 3 输入与门

逻辑表达式:$Y = ABC$

型号:74LS11　74HC11

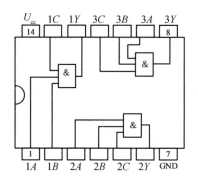

2.四 2 输入与门

逻辑表达式:$Y = AB$

型号:74LS08　74HC08

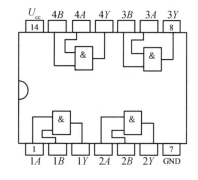

3.四 2 输入与非门

逻辑表达式:$Y = \overline{AB}$

型号:74LS00　74HC00

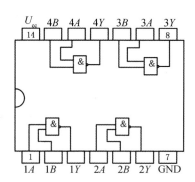

4.双 4 输入与非门

逻辑表达式:$Y = \overline{ABCD}$

型号:74LS20　74HC20

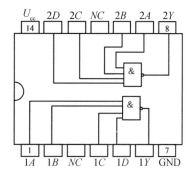

续 表

5.四2输入或门	6.四2输入或非门
逻辑表达式:$Y=A+B$	逻辑表达式:$Y=\overline{A+B}$
型号:74LS32　74HC32	型号:74LS02　74HC02

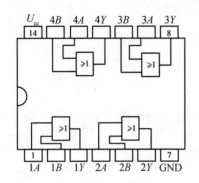

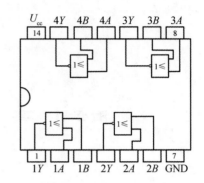

7.六非门	8.四2输入异或门
逻辑表达式:$Y=\overline{A}$	逻辑表达式:$Y=A\oplus B$
型号:74LS04　74HC04	型号:74LS86　74HC86

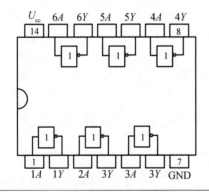

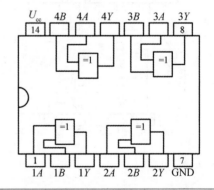

9.BCD-七段译码器	10.BCD-七段译码器
型号:74LS48　74HC48	型号:74LS47　74HC47

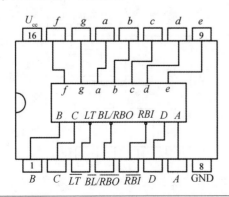

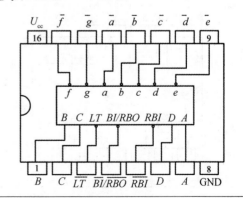

续　表

11.双上升沿 D 触发器(带置位,复位) 型号:74LS74　74HC74 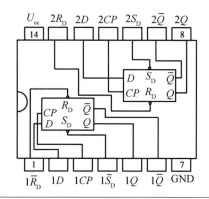	12.双下降沿 JK 触发器(带置位、负触发) 型号:74LS112　74HC112 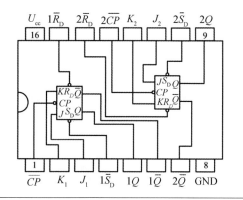
13.四上升沿 D 触发器 型号:74LS175　74HC175 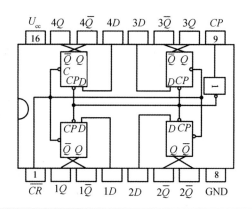	14.二-五-十进制计数器 型号:74LS290　74HC290 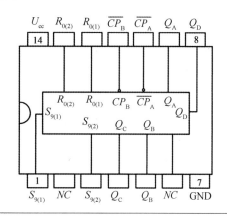
15. 4 位同步二进制计数器 型号:74LS161　74HC161 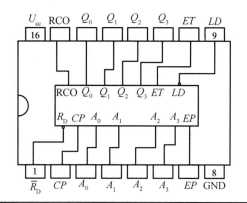	

附录 2 常用电工设备及继电接触器的图形符号

名　称	符　号	名　称		符　号
三相绕线式 异步电动机	M 3~	按钮触点	常开	
			常闭	
三相鼠笼式 异步电动机	M 3~	接触器吸引线圈 继电器吸引线圈		
直流电动机	M	接触器触点	常开	
			常闭	
单相变压器		时间继电器触点	常开延 时闭合	
三极开关			常开延 时断开	
熔断器		行程开关触点	常开	
			常闭	
信号灯	⊗	热继电器	常闭触点	
			热元件	

参 考 文 献

[1] 秦曾煌.电工学[M].7版.北京:高等教育出版社,2012.

[2] 童诗白,华成英.模拟电子技术基础[M].3版.北京:高等教育出版社,2005.

[3] 闫石.数字电子技术基础[M].2版.北京:高等教育出版社,2012.

[4] 邱关源,罗先觉.电路[M].5版.北京:高等教育出版社,2006.

[5] 张远岐,王相海.电工及工业电子学实验[M].北京:北京航空航天大学出版社,2015.

[6] 骆雅琴.电工实验教程[M].北京:北京航空航天大学出版社,2007.

[7] 朱承高,吴月梅.电工及电子实验[M].北京:高等教育出版社,2010.

[8] 王和平.电工与电子技术实验[M].北京:机械工业出版社,2010.

[9] 袁桂慈.电工电子技术实践教程[M].北京:机械工业出版社,2008.

[10] 任坤.电工电子实验[M].北京:北京工业大学出版社,2011.

[11] 赵立民.电子技术实验教程[M].北京:北京航空航天大学出版社,2008.

[12] 毕卫红.电路实验教程[M].北京:机械工业出版社,2010.

[13] 张一清,杨少卿.电工学实验教程[M].西安:西安电子科技大学出版社,2018.

[14] 章小宝,夏小勤,胡荣.电工与电子技术实验教程[M].重庆:重庆大学出版社,2016.

[15] 熊伟.Multisim 7电路设计及仿真应用[M].北京:电子工业出版社,2005.